U0369674

战略性新兴领域"十四五"高等教育系列教材

工业机器人系统综合设计

主　编　张小刚　方　遒
副主编　李　哲　谭浩然
参　编　袁小芳　肖军浩　许浩志　高常青　汪浩达　周佳康

机 械 工 业 出 版 社

本书以讲授工业机器人系统综合设计知识和工具应用为目标，在阐述工业机器人运动学、控制算法和机器视觉感知与定位技术的理论基础上，采用案例教学的方法，以工业机器人系统集成创新设计的开放式实践平台为例，贯穿全书（第2~6章），讲解和演示如何使用虚拟仿真教学平台完成机器视觉识别与定位、运动学控制、机器人视觉控制算法的集成应用，讲述算法和原理，理论与实践结合，探讨工业机器人在自动化产线集成中的应用。全书共6章，主要内容包括工业机器人系统及发展趋势、工业机器人运动学、工业机器人控制算法、机器视觉感知与定位技术、工业机器人自动化产线创新设计和工业机器人系统综合设计创新平台介绍。

本书可作为高等院校自动化、机器人工程、电气工程、电子技术等相关专业的教材，也可作为相关企业研发人员、设计人员以及从事工业机器人系统、自动化产线研发、控制系统开发和仿真系统应用等人员的参考书。

本书配有电子课件等教学资源，欢迎选用本书作教材的教师登录www.cmpedu.com注册后下载，或发邮件至jinacmp@163.com索取。

图书在版编目（CIP）数据

工业机器人系统综合设计/张小刚，方遒主编.
北京：机械工业出版社，2024. 12. --（战略性新兴领域"十四五"高等教育系列教材）. -- ISBN 978-7-111-77619-2

Ⅰ. TP242.2
中国国家版本馆 CIP 数据核字第 2024FW5899 号

机械工业出版社（北京市百万庄大街22号　邮政编码100037）
策划编辑：吉　玲　　　　　责任编辑：吉　玲　王小东
责任校对：郑　雪　王　延　　封面设计：张　静
责任印制：李　昂
北京捷迅佳彩印刷有限公司印刷
2024 年 12 月第 1 版第 1 次印刷
184mm×260mm · 11.25 印张 · 271 千字
标准书号：ISBN 978-7-111-77619-2
定价：42.00 元

电话服务　　　　　　　　　　网络服务
客服电话：010-88361066　　　机 工 官 网：www.cmpbook.com
　　　　　010-88379833　　　机 工 官 博：weibo.com/cmp1952
　　　　　010-68326294　　　金 书 网：www.golden-book.com
封底无防伪标均为盗版　　机工教育服务网：www.cmpedu.com

人工智能和机器人等新一代信息技术正在推动着多个行业的变革和创新，促进了多个学科的交叉融合，已成为国际竞争的新焦点。《中国制造 2025》《"十四五"机器人产业发展规划》《新一代人工智能发展规划》等国家重大发展战略规划都强调人工智能与机器人两者需深度结合，需加快发展机器人技术与智能系统，推动机器人产业的不断转型和升级。开展人工智能与机器人的教材建设及推动相关人才培养符合国家重大需求，具有重要的理论意义和应用价值。

为全面贯彻党的二十大精神，深入贯彻落实习近平总书记关于教育的重要论述，深化新工科建设，加强高等学校战略性新兴领域卓越工程师培养，根据《普通高等学校教材管理办法》（教材〔2019〕3 号）有关要求，经教育部决定组织开展战略性新兴领域"十四五"高等教育教材体系建设工作。

湖南大学、浙江大学、国防科技大学、北京理工大学、机械工业出版社组建的团队成功获批建设"十四五"战略性新兴领域——新一代信息技术（人工智能与机器人）系列教材。针对战略性新兴领域高等教育教材整体规划性不强、部分内容陈旧、更新迭代速度慢等问题，团队以核心教材建设牵引带动核心课程、实践项目、高水平教学团队建设工作，建成核心教材、知识图谱等优质教学资源库。本系列教材聚焦人工智能与机器人领域，凝练出反映机器人基本机构、原理、方法的核心课程体系，建设具有高阶性、创新性、挑战性的《人工智能之模式识别》《机器学习》《机器人导论》《机器人建模与控制》《机器人环境感知》等 20 种专业前沿技术核心教材，同步进行人工智能、计算机视觉与模式识别、机器人环境感知与控制、无人自主系统等系列核心课程和高水平教学团队的建设。依托机器人视觉感知与控制技术国家工程研究中心、工业控制技术国家重点实验室、工业自动化国家工程研究中心、工业智能与系统优化国家级前沿科学中心等国家级科技创新平台，设计开发具有综合型、创新型的工业机器人虚拟仿真实验项目，着力培养服务国家新一代信息技术人工智能重大战略的经世致用领军人才。

这套系列教材体现以下几个特点：

（1）教材体系交叉融合多学科的发展和技术前沿，涵盖人工智能、机器人、自动化、智能制造等领域，包括环境感知、机器学习、规划与决策、协同控制等内容。教材内容紧跟人工智能与机器人领域最新技术发展，结合知识图谱和融媒体新形态，建成知识单元 711 个、知识点 1803 个，关系数量 2625 个，确保了教材内容的全面性、时效性和准确性。

（2）教材内容注重丰富的实验案例与设计示例，每种核心教材配套建设了不少于 5 节的核心范例课，不少于 10 项的重点校内实验和校外综合实践项目，提供了虚拟仿真和实操项目相结合的虚实融合实验场景，强调加强和培养学生的动手实践能力和专业知识综合应用能力。

（3）系列教材建设团队由院士领衔，多位资深专家和教育部教指委成员参与策划组织工作，多位杰青、优青等国家级人才和中青年骨干承担了具体的教材编写工作，具有较高的编写质量，同时还编制了新兴领域核心课程知识体系白皮书，为开展新兴领域核心课程教学及教材编写提供了有效参考。

期望本系列教材的出版对加快推进自主知识体系、学科专业体系、教材教学体系建设具有积极的意义，有效促进我国人工智能与机器人技术的人才培养质量，加快推动人工智能技术应用于智能制造、智慧能源等领域，提高产品的自动化、数字化、网络化和智能化水平，从而多方位提升中国新一代信息技术的核心竞争力。

中国工程院院士

2024 年 12 月

工业机器人是现代制造业的重要支柱，也是实现智能制造、提升生产效率和质量的关键技术。在工业 4.0 时代，智能化、柔性化和人机协作成为机器人发展的核心方向。随着人工智能、物联网和 5G 技术的融合，工业机器人系统也愈加复杂和智能化，对工程技术人员的综合素质和跨学科能力提出了更高的要求。工业机器人教学存在知识面广、概念抽象、理论复杂、综合性强等特点；然而，传统机器人教学内容通常存在理论与实践脱节、知识体系单一、技术前沿覆盖不足等问题，难以满足智能制造发展和产业升级的需要。近年来，相关的专业人才需求量显著增长，因此，撰写一本全面介绍工业机器人系统基础理论、综合设计与实践应用的教材具有重要意义。

本书以机器人视觉感知与控制技术国家工程研究中心的高端电子制造产线为背景，融合理论与实践，结合技术前沿。本书共 6 章，系统构建了从理论到实践的学习路径，帮助读者全面掌握工业机器人系统的基础知识与核心技术，并通过实际案例和仿真实验提升综合能力。第 1 章介绍工业机器人的基本概念、组成结构及应用，梳理其技术发展历程与未来发展趋势，探讨智能化、柔性化和人机协作对行业发展的深远影响，并分析当前技术瓶颈，为读者理解机器人整体架构打下基础。第 2 章聚焦运动学，详细讲解坐标系定义、正运动学和逆运动学建模与求解方法，同时结合神经网络等新技术解决复杂运动问题，配合实践案例加深理解。第 3 章围绕控制算法，阐述 PID 控制、自抗扰控制、力/位混合控制及神经网络控制的原理和实现，通过对比分析算法性能和适用场景，帮助读者学会灵活选用控制策略。第 4 章解析机器视觉感知与定位技术，涵盖图像处理、目标识别、坐标系变换等核心原理，结合深度学习展示其在机器人智能感知中的应用，提供案例学习如何将视觉技术与控制系统进行集成。第 5 章通过电子制造产线实例，讲解工业机器人集成应用和创新设计方法，包括 PLC 控制、系统集成及软硬件协同工作，展示从理论知识向工程实践的转化过程。第 6 章引入数字孪生技术的综合设计创新平台，整合机器视觉感知与定位、运动控制和产线集成技术，支持虚实结合的实验环境，助力读者自主探索和验证理论成果，全面提升对工业机器人系统的理解与操作能力。

本书通过搭建虚实结合的实验平台，解决了传统教学中设备成本高、硬件资源受限等问题，为学生提供安全高效的学习环境、降低实践成本、提高教学效率，使学生能直观理解工业机器人系统的设计与实现。这种模式顺应了高等教育数字化、信息化的发展趋势，也为"科教融合"提供了实践路径。本书内容覆盖工业机器人系统的关键技术和应用方法，各章节逻辑清晰，从基础理论到综合设计采用了循序渐进的编写方法，支持模块化学习，既可作为独立课程教材，也适合作为相关课程的实验配套资料。本书通过在线实验网站中丰富的案例和实验设计，增强了教材的实用性与可操作性，帮助读者将理论知识转化为实际能力。本书适用于自动化、机器人工程、电气工程等专业的师生，也可为企业研发人员提供参考。希望本书能激发机器人领域读者的创新思维，培养实际工程能力，为我国智能制造的发展贡献力量。因编者水平有限，书中难免存在疏漏，恳请读者批评指正。

编　者

目 录

CONTENTS

XI

第1章 工业机器人系统及发展趋势

1.0 绪论

机器人是人类最伟大的发明之一，其中工业机器人是发展最快、应用最成熟、影响最深远的一类。本章主要介绍工业机器人系统的基本概念、组成结构以及其在不同行业中的应用。内容涵盖工业机器人的定义、分类、基本构成部分（包括机械结构、控制系统、通信系统等）、工作原理和基本工作模式。同时，还会讨论工业机器人系统的发展历程，从早期的机械臂到现代智能化、柔性化的系统演进过程，并探讨未来工业机器人技术的发展趋势，包括人机协作、智能化、自主化等方面的发展趋势。

1.1 工业机器人简介

1.1.1 工业机器人的定义

工业机器人是一种自动化、可编程的机械装置，用于执行各种工业任务。其设计目标是提高生产效率、产品质量和操作安全性，特别是用于完成那些对人类来说枯燥、重复、危险或高精度要求的工作。根据国际标准化组织（ISO）的定义，工业机器人是一种多功能的可编程机械装置，通过可控的运动路径执行各种操作。

根据不同的分类标准，工业机器人可以分为以下几种类型。

1. 按结构形式分类

常见工业机器人包括关节型机器人、SCARA 机器人、并联机器人、直角坐标机器人等，如图 1-1 所示。

a) 新松6自由度机械臂　　　　b) ABB SCARA机器人　　　　c) 李群并联机器人

图 1-1　不同结构形式的工业机器人

关节型机器人：类似于人类手臂的结构，具有多个旋转关节（通常是 6 个自由度），适用于各种复杂任务。

SCARA 机器人：选择性顺应装配机器人，具有平面内灵活的运动能力，适用于高速精确的装配和搬运任务。

并联机器人：具有多个并联支链结构，具有高刚性和高精度，常用于快速拾取和放置任务。

直角坐标机器人：也称为龙门机器人，具有 3 个直线运动自由度，适用于大型工件的加工和搬运。

2. 按应用领域分类

图 1-2 所示为不同应用领域的工业机器人。

a) 焊接机器人   b) 装配机器人

c) 搬运机器人   d) 喷涂机器人

图 1-2 不同应用领域的工业机器人

焊接机器人：用于完成焊接任务，广泛应用于汽车制造和金属加工行业。

装配机器人：用于产品的组装任务，常见于电子产品和机械设备的装配线上。

搬运机器人：用于搬运和码垛任务，广泛应用于仓储和物流行业。

喷涂机器人：用于喷涂作业，广泛应用于汽车、家具和工业产品的表面处理。

3. 按控制方式分类

点位控制机器人：主要用于点到点的位移控制，适用于搬运、焊接等不需要连续轨迹控制的任务。

连续路径控制机器人：能够沿着预定的路径连续运动，适用于喷涂、切割等需要连续轨迹控制的任务。

1.1.2　工业机器人的发展历史

工业机器人自 20 世纪 50 年代诞生以来，经历了从简单的机械臂到智能协作机器人的巨大变革，工业机器人已成为现代制造业中不可或缺的重要工具，理解工业机器人的发展历史有助于人们更好地预见未来趋势和应用前景。其发展历史可以分为几个重要的阶段，每个阶段都标志着技术的重大进步和应用的扩展。

1. 早期发展（20 世纪 50—60 年代）

1954 年：美国发明家乔治·德沃尔（George Devol）获得了第一项可编程机械手臂的专利，这一发明被认为是现代工业机器人的开端。

1961 年：乔治·德沃尔与约瑟夫·恩格尔伯格（Joseph Engelberger）合作，在 Unimation 公司推出了世界上第一台工业机器人 Unimate，如图 1-3 所示。Unimate 首次在通用汽车公司的生产线上应用，用于搬运和焊接汽车零部件。

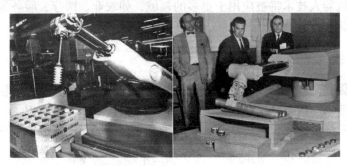

图 1-3　世界上第一台工业机器人 Unimate

2. 成长期（20 世纪 70—80 年代）

20 世纪 70 年代初：日本企业迅速跟进，尤其是川崎重工与 Unimation 合作，引进并改进了工业机器人技术。1974 年，瑞典的 ASEA 公司（后来的 ABB）推出了 IRB 6，这是一款全电动工业机器人。

1978 年：FANUC（日本）推出了第一台数控工业机器人，标志着数控技术与机器人技术的融合。

20 世纪 80 年代：工业机器人在汽车制造、电子产品装配等领域得到广泛应用，生产效率和产品质量显著提高。机器人技术的国际标准逐渐建立，如 ISO 8373 定义了机器人和机器人设备的术语。

3. 成熟期（20 世纪 90 年代）

20 世纪 90 年代初：随着计算机技术、传感技术和控制理论的发展，工业机器人进入成熟期。多关节机器人、SCARA（选择性顺应装配机器人）和并联机器人等多种类型的机器人相继出现。

1994 年：KUKA（德国）推出了首个基于 PC 控制的工业机器人，进一步提高了机器人系统的开放性和灵活性。

20 世纪 90 年代后期：基于视觉的机器人系统开始出现，使机器人具备了环境感知和物体识别能力。

4. 智能化阶段（2000 年至今）

21 世纪初：工业机器人开始向智能化方向发展，融合了人工智能、机器学习和大数据技术，提升了机器人在复杂环境中的适应能力和自主决策能力。

2010—2019 年：协作机器人（Cobot）成为新热点，这种机器人能够在无须安全围栏的情况下与人类协同工作。Universal Robots 推出了轻便、易编程的协作机器人 UR 系列。

智能制造：德国首先提出的工业 4.0 概念推动了智能制造的发展，机器人作为智能制造的关键组成部分，开始与物联网（Internet of Things，IoT）、工业互联网深度融合。

2020 年至今：5G 技术的应用为工业机器人提供了高速、低延迟的通信网络，进一步提升了机器人系统的实时性和可靠性。人工智能技术的进步使得机器人具备了更强的自学习和自主决策能力。未来的工业机器人将更加智能和自适应，能够在复杂和动态的环境中自主工作。例如人机协作将更加紧密，机器人将具备更高的安全性和灵活性，与人类工人协同完成复杂任务，并且机器人技术将被应用于更多的领域，如农业、医疗、服务等，助力各行各业的智能化和自动化转型。

1.1.3 工业机器人的应用领域

工业机器人因其高效、精确、灵活的特点，在现代制造业和其他相关领域中得到了广泛应用，如图 1-4 所示。以下是工业机器人在不同工业领域中的主要应用。

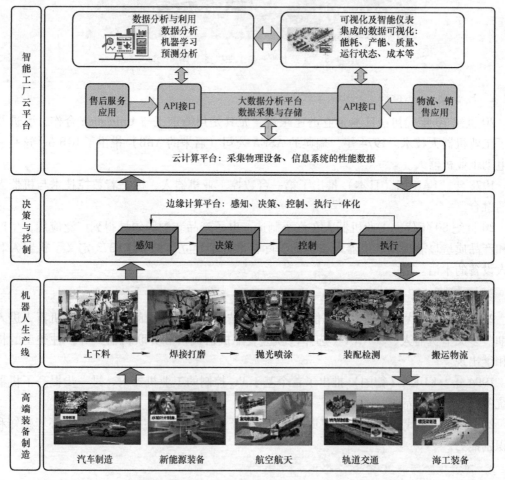

图 1-4　工业机器人在现代制造业中的广泛应用

1. 汽车制造

焊接：焊接机器人是汽车制造中最广泛的应用之一。机器人能够完成点焊、弧焊等多种焊接任务，确保焊接质量和一致性。例如，焊接机器人在汽车车身制造过程中用于焊接车架、车门等部件。

喷涂：喷涂机器人用于汽车表面喷涂，保证涂层均匀，减少废料和环境污染。

装配：装配机器人用于安装汽车零部件，如发动机、变速器等，提升装配效率和精度。

2. 电子制造

表面贴装技术：贴片机器人用于在印制电路板上放置电子元器件，实现高速度和高精度的元器件贴装。

组装与测试：装配机器人用于电子产品的组装、螺钉锁紧和功能测试，确保产品质量和一致性。

3. 金属加工

机床上下料：搬运机器人用于将工件从仓库运送到机床上并完成加工后的取件，提高生产效率。

激光切割和焊接：机器人可以执行复杂的切割和焊接任务，适用于各种金属材料。

抛光与打磨：机器人用于金属表面的抛光和打磨，保证加工质量和一致性。

4. 物流与仓储

搬运和存储：自动化搬运机器人在仓库中进行货物的搬运、存储和取货，优化仓储空间利用率。

分拣系统：分拣机器人在快递和电商物流中，根据订单要求快速、准确地分拣商品。

自动导引运输车（Automated Guided Vehicle，AGV）：用于工厂内部和仓库中的物料运输，减少人工操作，提高运输效率。

5. 化工与制药

物料处理：机器人在处理有害物质和危险化学品时，可以保证操作安全，减少人员暴露在危险环境中的风险。

样品采集与分析：机器人用于自动化实验室的样品采集、准备和分析，提高实验效率和准确性。

药品包装：机器人用于药品的自动包装和贴标，确保包装质量和生产效率。

药品搬运：自动搬运机器人用于药品的搬运和储存管理，优化生产流程。

工业机器人在制造业、物流与仓储以及化工与制药等领域的应用极大地提升了生产效率、产品质量和操作安全性。随着技术的不断进步，工业机器人的应用领域将进一步扩展，为工业自动化和智能化提供更大的支持和推动力。

1.1.4　工业机器人的特点与关键技术

1. 工业机器人的关键特性

自动化：工业机器人能够自动执行预定的任务，无须人工干预。通过编程设定其工作流程，可以实现自动化生产，从而减少人工成本和提高生产效率。

可编程：工业机器人具有高度的可编程性，能够根据具体的应用需求进行编程和调整。这种可编程性使得机器人可以灵活地适应不同的任务和环境变化。

多功能性：现代工业机器人可以通过更换末端执行器或调整工作程序，完成多种不同的任务，如焊接、喷涂、装配、搬运、检测等。其多功能性使得机器人在各种工业领域中广泛应用。

高精度和重复性：工业机器人在执行任务时具有极高的精度和重复性，能够确保产品质量的一致性。其定位精度通常可以达到亚毫米级别，这对于高精度制造业尤为重要。

灵活性：工业机器人的关节多、自由度高，能够进行复杂的空间运动。其灵活性使其能够在有限的空间内完成复杂的操作任务。

2. 工业机器人的核心技术

机械设计与材料：机械设计涉及机器人本体的结构设计、材料选择和制造工艺。先进的材料和优化的设计能够提高机器人的强度、刚性和运动性能。

驱动与控制技术：驱动系统包括电动机、减速器和传动装置等，决定了机器人的运动性能。控制系统则包括硬件控制器和控制算法，负责精确控制机器人的运动和操作。

传感与感知技术：传感器用于感知机器人的位置、速度、加速度、力和环境信息。通过融合多种传感信息，机器人能够更智能地适应复杂的工作环境。

人工智能与机器学习：随着人工智能技术的发展，机器学习算法被引入到机器人控制中，使其能够通过学习和自适应提高工作效率和精度。

1.2 工业机器人的组成

工业机器人通常由以下几个主要部分组成。

1.2.1 机械结构

工业机器人的机械结构是其功能实现的基础。机械结构的设计直接影响机器人的性能、工作范围和应用场景。工业机器人的机械结构主要包括本体结构、驱动系统、传动系统和末端执行器等部分。以下是对工业机器人机械结构的详细介绍。

1. 本体结构

底座：机器人底座分为固定式与移动式，底座固定在地面或工作台上时，可提供稳定的支撑。若底座安装在自动导引运输车（AGV）上，允许机器人在不同工作站之间移动，提高工作灵活性。

机械臂：这是机器人的主要执行部分，由多个关节和连杆组成，能够进行多自由度的运动。机械臂的设计决定了机器人的工作空间和运动灵活性。关节型臂由多个旋转关节组成，通常有 6 个自由度（Degrees of Freedom，DOF），模拟人类手臂的运动，如图 1-5 所示。关节主要由关节电动机与减速器组成。关节型臂结构灵活，适用于各种复杂任务。SCARA 臂具有平面内的灵活运动能力，适用于高速精确的装配和搬运任务。龙门臂具有 3 个直线运动自由度，适用于大型工件的加工和搬运。

2. 末端执行器

末端执行器（手腕）是安装在机械臂末端的装置，用于直接与工作对象进行交互。旋转关节用于实现末端执行器的旋转运动，提高操作的灵活性。常见的末端执行器包括夹爪、焊接枪、喷涂枪等。

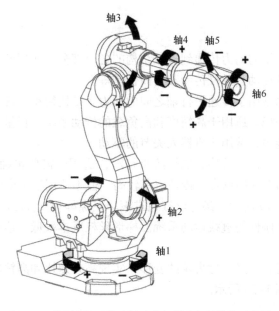

图 1-5　典型电驱动的 6 轴工业机器人机械结构示意图

3. 驱动系统

驱动系统是工业机器人实现运动的动力源。根据驱动方式的不同，驱动系统可以分为电动、液压和气动三种类型，图 1-6 所示为几种不同驱动方式的核心传统部件。

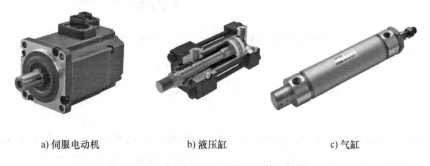

a) 伺服电动机　　　　　　　　　b) 液压缸　　　　　　　　　c) 气缸

图 1-6　不同驱动方式的核心传统部件

电动驱动：广泛使用的驱动方式，使用的电动机包括直流电动机、交流电动机、伺服电动机和步进电动机，其中伺服系统通过反馈控制，实现对位置、速度和加速度的精确控制，是电动驱动系统的核心部分。电动驱动系统具有响应快、控制精度高和维护方便等优点。

液压驱动：适用于需要大力矩的场合，但控制复杂、维护成本高。系统主要部件包括液压缸，液压泵和液压阀，液压缸利用液压油的压力推动活塞运动，实现直线或旋转运动，液压系统中的液压泵提供液压油，液压阀控制油路的通断和方向。液压驱动系统具有输出力大、刚性高的特点，适用于重载和高力矩应用场景。

气动驱动：用于轻负载和高速运动场合，成本低廉但精度较低。其中气缸利用压缩空气推动活塞运动，实现直线或旋转运动。气动驱动系统响应快、结构简单、维护方便，适用于轻载和快速运动的应用场景。气动系统中的气泵提供压缩空气，气阀控制气路的通断和方向。

4. 传动系统

传动系统将驱动系统的动力传递到机械结构的各个部分，实现预定的运动。常见的传动系统包括齿轮传动、带传动、丝杠传动和谐波传动等。

齿轮传动：直齿轮常用于传递平行轴之间的动力，结构简单，传动效率高。斜齿轮齿面为螺旋线，啮合更加平稳，适用于高精度和高负载的传动系统。行星齿轮用于减速器中，具有高减速比和高承载能力，常用于机器人关节的驱动。

带传动：同步带具有齿形结构，能够防止打滑，适用于需要精确传动的位置控制系统。V带适用于需要弹性和缓冲的场合，传动效率较高，但不适用于精密定位。

丝杠传动：如图 1-7a 所示，滚珠丝杠通过滚珠在螺母和丝杠之间滚动，实现高效传动，适用于需要高精度和高刚性的直线运动系统。梯形丝杠成本较低，适用于低速和中等精度的传动场合。

谐波传动：柔性齿轮通过柔性齿轮的变形，实现高减速比和高精度的传动，常用于机器人的精密关节中，如图 1-7b 所示。

a) 丝杠传动结构图　　　　　　　　b) 谐波传动结构图

图 1-7　丝杠与谐波传动方式

1.2.2　控制系统

工业机器人控制系统是机器人实现自动化和智能化操作的核心。它负责对机器人的运动、力量、路径、速度等进行精确控制和协调，以保证其能够准确执行各种复杂的任务。控制系统的设计和实现直接影响机器人的性能、精度和稳定性。

工业机器人控制系统通常包括硬件和软件两个主要部分。

1. 硬件部分

控制器：机器人控制系统的核心，负责接收和处理来自传感器的信号，生成控制指令，驱动各个执行机构。其中，主控制器为工业机器人的"大脑"，负责处理所有输入信号、计算控制算法并发送执行命令。常见的主控制器包括如图 1-8 所示的工业计算机（Industrial Personal Computer，IPC）、可编程逻辑控制器（Programmable Logic Controller，PLC）和嵌入式控制器。运动控制器则专门用于控制机器人的运动，通过伺服驱动器来精确控制电动机的位置、速度和加速度。运动控制器通常集成了多轴控制功能，以实现多关节机器人的协调运动。

| a) PLC | b) 工业计算机 | c) 运动控制器 |

图 1-8　不同类型的机器人控制器

驱动器：伺服驱动器接收控制器的信号，驱动电动机进行精确的运动控制，常用于高精度和高响应速度的工业机器人；步进驱动器则驱动步进电动机，以实现开环控制，适用于中低精度和负载较小的场合。

传感器：位置传感器，如编码器和旋转变压器，用于测量电动机或关节的位置和速度；如图 1-9 所示，力/力矩传感器用于检测机器人末端执行器的作用力，常用于装配、打磨等需要力控的任务；视觉传感器包括 2D/3D 摄像头和图像处理单元，用于环境感知和物体识别；碰撞传感器用于检测机器人与外界物体的碰撞，以保护机器人和环境的安全。

| a) 六维力传感器 | b) 2D相机 | c) 3D结构光相机 |

图 1-9　常见的传感器类型

人机界面（Human Machine Interface，HMI）：操作面板用于设置、监控和操作机器人系统，提供用户与机器人之间的交互界面；触摸屏和显示器显示系统状态、警报信息和操作菜单，方便用户操作和监控。

2. 软件部分

操作系统：实时操作系统（Real-time Operating System，RTOS）提供实时性要求的操作环境，确保控制指令能够及时响应，常用于运动控制和高精度应用。通用操作系统，如 Windows 或 Linux，常用于上位机和非实时控制场合。

运动控制算法：轨迹规划用于计算机器人运动的路径和轨迹，以确保机器人按预定路径运动，常见的轨迹规划算法包括直线插补、圆弧插补和多项式插补；逆运动学算法根据末端执行器的位置和姿态计算各个关节的运动量，是实现精确控制的关键；动力学控制是根据机器人的动力学特性，进行力和运动的综合控制，以提高运动的精度和稳定性。

高级控制算法：自适应控制可根据实时反馈调整控制参数，以应对系统的不确定性和外部干扰；力控和阻抗控制用于控制机器人与环境的交互力，常用于装配和打磨等需要力控的任务；视觉伺服通过视觉传感器反馈控制机器人运动，实现物体识别和跟踪。

编程语言和环境：机器人编程语言，如 RAPID（ABB）、KRL（KUKA）、Fanuc Robot Language（FANUC）等，提供了编程接口和开发环境；图形化编程工具，如 Roboguide、RoboDK等，通过图形化界面进行编程和仿真，提高开发效率。

1.2.3 通信系统

工业机器人的通信系统是其实现各部件之间信息传递和协调控制的关键部分。高效、可靠的通信系统能够确保机器人各个子系统之间的数据交换、指令传递和状态反馈，支持复杂任务的顺利执行。通信系统通常包括有线通信和无线通信两种方式，并采用多种通信协议和网络架构。

1. 有线通信

有线通信是工业机器人中最常见的通信方式，具有可靠性高、抗干扰能力强等特点。常见的有线通信方式包括以太网、串行通信和现场总线。

以太网（Ethernet）：工业以太网，如 EtherCAT、EtherNet/IP 和 PROFINET，提供高速、实时的数据传输，适用于复杂的控制系统和大数据量传输；TCP/IP 常用于机器人与上位机、服务器等设备之间的通信，支持远程监控和管理。

串行通信：RS-232/RS-485 适用于短距离、点对点或多点通信，常用于传感器、驱动器等外围设备的通信；CAN（Controller Area Network）总线适用于实时性要求高、抗干扰能力强的工业环境，广泛应用于汽车、工业自动化等领域。

现场总线：Profibus，即 Process Field Bus，广泛应用于工业自动化，提供实时、多节点的通信能力；DeviceNet 是基于 CAN 总线的现场总线系统，适用于设备级网络通信。

2. 无线通信

无线通信在工业机器人中越来越受到重视，尤其是在需要灵活部署和移动操作的场合。常见的无线通信方式包括5G、WiFi、蓝牙和 Zigbee 等。

5G：5G 网络提供高达 10Gbit/s 的数据传输速度，支持大数据量的实时传输，其延迟低至1ms，适用于对实时性要求极高的工业控制应用。同时，5G 网络支持大规模设备连接，适用于工业物联网和多机器人协同工作。因此，5G 通信适用于需要高速、低延迟通信的复杂工业环境，如远程控制、实时监控和智能制造。

WiFi：提供高速、长距离的无线通信，适用于机器人与中央控制系统或远程监控系统之间的通信，支持视频传输、远程控制等高带宽应用。

蓝牙：适用于短距离、低功耗的无线通信，常用于传感器和控制器之间的通信，支持便携设备的无线连接。

Zigbee：低功耗、低数据速率的无线通信技术，适用于传感器网络和简单控制任务，具有组网灵活、扩展性强的特点。

3. 通信协议

通信协议是确保不同设备之间能够进行有效数据交换的标准和规范。工业机器人常用的通信协议包括以下几种。

实时协议：EtherCAT 实时以太网技术，提供高性能、低延迟的通信能力，适用于高精度、高响应速度的工业控制系统。PROFINET IRT 实时工业以太网协议，支持高精度的同步控制和实时数据传输。

设备通信协议：Modbus 基于主/从架构的通信协议，广泛应用于工业自动化设备之间的通信；OPC UA 开放平台通信统一架构，提供跨平台、跨厂商的设备互操作性和信息集成能力。

无线通信协议：IEEE 802.11 基于 WiFi 标准，适用于工业无线网络通信；IEEE 802.15.1 基于蓝牙标准，适用于短距离无线通信；IEEE 802.15.4 基于 Zigbee 标准，适用于低功耗无线传感器网络。

4. 网络架构

工业机器人系统的网络架构通常包括控制网络、设备网络和信息网络 3 个层次。

控制网络：连接机器人控制器、驱动器和伺服系统，采用实时通信协议，保证运动控制的精确性和同步性。

设备网络：连接各种传感器、末端执行器和外围设备，采用现场总线或串行通信方式进行数据采集和设备控制。

信息网络：连接机器人系统与上位机、监控系统和数据库，采用以太网或 WiFi 等方式进行信息交换和远程监控。

【小结】工业机器人通过机械结构、驱动系统、控制系统、通信系统和电源系统等多个部分的协同工作，完成各种复杂的工业任务。随着技术的发展，工业机器人变得越来越智能和灵活，其应用领域也在不断扩展和深入。了解工业机器人的组成和工作原理是进行机器人系统综合设计的基础和前提。

1.3　工业机器人自动化产线系统

工业机器人自动化产线系统是现代制造业中广泛应用的自动化解决方案，通过将工业机器人、传送带、自动化夹具、视觉系统和控制软件等集成到一体，实现高效、精准和智能化的生产过程。

1.3.1　工业机器人自动化产线概述

工业机器人自动化产线系统是一个复杂的综合系统，旨在通过自动化设备和智能控制技术，提升生产效率、产品质量和工厂的柔性制造能力。该系统不仅能够执行重复性高、劳动强度大的任务，还能够通过智能化手段应对多品种、小批量的生产需求。以下是该系统的主要组成部分（见图 1-10）及其功能和特点。

工业机器人是自动化产线的核心执行单元，负责完成各种任务，如焊接、装配、搬运、喷涂等。工业机器人具有高精度、高效率和可编程性，能够根据生产需求灵活调整操作程序和工作路径，确保高质量的生产输出，其精度和速度是保证生产线高效运转的关键因素。

传送带在自动化产线中起到连接和输送工件的作用。它负责将工件从一个工位输送到下一个工位，保证生产过程的连续性。传送带系统需要具有灵活配置和耐用性，能够适应不同的生产节拍和工艺要求，其设计和运行直接影响整个生产线的效率和稳定性。

自动化夹具用于抓取、固定和定位工件，是工业机器人执行任务的重要辅助工具。高精

图 1-10　典型的汽车缸体加工工业机器人自动化产线

度的自动化夹具可以确保工件在加工和操作过程中的稳定性，避免位置偏差和质量问题。它们通常根据工件的形状和尺寸进行定制，适应不同的生产任务。自动化夹具的灵活性和精准度对工业机器人执行复杂操作至关重要。

视觉系统是工业机器人自动化产线中的关键感知单元。通过摄像头和图像处理软件，视觉系统能够识别、检测和定位工件，并提供必要的反馈信息，辅助工业机器人进行精确操作。视觉系统的高分辨率和实时处理能力使其能够在高速生产环境中准确识别工件特征，进行质量检测和缺陷识别，提高产品合格率。

控制软件是自动化产线的"大脑"，负责协调和控制各个组成部分的工作。控制软件实现了对工业机器人、传送带、自动化夹具和视觉系统的综合管理和调度。它通过编程语言和接口集成多种控制策略，确保各设备之间的信息交换和协同工作。控制软件的实时性和智能化特性使得整个生产过程更加高效和可靠。

1.3.2　可编程逻辑控制器

可编程逻辑控制器（Programmable Logic Controller，PLC）是自动化产线系统中不可或缺的控制设备之一，它负责执行与机械运动和工艺控制相关的逻辑操作。PLC 的可靠性和灵活性使其成为工业控制系统的核心。

PLC 最大特点是具有高可靠性，以适应工业环境中的各种复杂条件。为适应高噪声、高温和尘埃等工业环境，PLC 设备通常具备良好的防尘、防水和抗干扰性能，此外，PLC 的编程语言（如梯形图、功能块图等）简洁直观，便于工程师快速编程和维护。

在集成工业机器人的自动化产线中，PLC 不仅用于基本的机器控制，还经常与其他系统（如视觉系统、数据采集系统等）集成，形成更为复杂的自动化系统。例如，PLC 可以与视觉系统联动，根据视觉检测结果调整机器人的工作状态，以实现更精准的装配和更高质量的产品检验。

此外，随着工业互联网和智能制造的发展，PLC 的功能正在从传统的控制扩展到数据收集和远程监控。现代的 PLC 系统可以通过网络连接到上位系统或云平台，实现数据的实时上传和远程控制。这种连接不仅增强了生产线的灵活性和智能水平，也为生产过程的优化提供了数据支持。

总体来说，PLC 在工业机器人自动化产线中扮演着关键角色，不仅提供了强大的控制能力，还通过其高度的程序灵活性和网络连接能力，支持了现代制造业向更高效、智能化的方向发展。

1.3.3 常见的自动化产线

工业自动化产线系统在现代制造业中扮演着至关重要的角色，旨在提高生产效率、降低成本，并保持产品质量的一致性。以下是一些常见的工业自动化产线系统。

装配线：装配线是最典型的自动化产线之一，广泛应用于汽车、电子、家电等行业。在这类产线中，工业机器人执行精确的装配任务，如螺钉紧固、部件安装和焊接。视觉系统常用于检测部件位置和质量控制，确保装配精度和产品质量。图 1-11 所示为本书设计的电子产品装配与检测机器人自动化生产线。

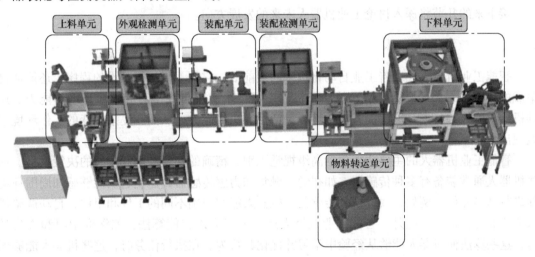

图 1-11 本书设计的电子产品装配与检测机器人自动化生产线

包装线：包装线利用机器人进行产品的拾取、放置、包装和标记。这些机器人通常配备高度灵活的机械手臂和先进的视觉识别系统，能够处理各种尺寸和形状的产品。自动化夹具和定制的抓取工具确保处理过程既快速又安全。

检测和测试线：在高科技行业，如半导体和精密工程领域，检测和测试线非常关键。这些产线使用高精度的机器人和复杂的传感器系统（如视觉和触觉传感器）来执行质量控制。自动化产线能够连续无间断地进行产品质量检测，以保证每一件产品都符合严格的质量标准。

涂装线：涂装线广泛应用于制造业，特别是在汽车生产中。工业机器人在这些产线上执行精确的喷漆或涂层任务，以确保涂层均匀且无瑕疵。自动化的涂装过程不仅提高了效率，而且有助于减少浪费和对环境的影响。

焊接线：自动化焊接线使用专门的焊接机器人来完成各种焊接任务，这些机器人能够在极端的温度和环境下持续工作，保持焊接的高质量和一致性。视觉系统和传感技术的集成进一步提高了焊接精度和效率。

这些自动化产线系统的设计和实施通常涉及高度的技术集成和协调，包括机器人编程、系统配置，以及与现有工厂管理系统的集成。通过智能控制软件，这些自动化产线能够实现高度的柔性化和自适应生产过程，满足市场对于个性化和多样化产品的需求。随着人工智能和机器学习技术的发展，未来的工业自动化产线将更加智能化，能够自主优化生产过程和提升操作效率。

1.4　工业机器人未来发展趋势

工业机器人的发展历经多个阶段，从最初的自动机械臂到今天的高度复杂和智能化的系统，技术的进步持续推动着工业机器人的革新。当前，工业机器人面临着一系列挑战，如提高操作的灵活性、增强人机协作的安全性，以及提升自主决策的能力。同时，新的技术发展如人工智能、机器学习、物联网和 5G 通信也为工业机器人的进一步发展提供了新机遇。

接下来的几节将深入讨论工业机器人未来的发展方向。

1.4.1　智能工业机器人

智能工业机器人代表着工业自动化技术的最前沿，它们不仅执行预设的程序，还能通过集成的传感器、人工智能（AI）算法和机器学习技术实现自我学习和适应环境的能力。这种机器人的核心特点是能够提升自主性、灵活性和决策能力，从而在复杂多变的工作环境中表现出色。

智能工业机器人的主要功能包括高级视觉识别、精确的动作控制和实时的决策执行。这些机器人通常装备有多种传感器，如视觉、触觉和力感传感器，这使它们能够感知周围环境并进行精确操作。例如，通过视觉传感器，机器人能够识别不同的工件和组件，自动调整抓取策略和路径规划。此外，智能工业机器人还集成了人工智能算法，如深度学习和强化学习，这些算法使机器人能够从经验中学习并优化其行为。在执行任务时，这些机器人能够根据实际情况动态调整操作策略，提高生产效率和质量。

如图 1-12 所示，一个实际的应用例子是 KUKA 的 LBR iiwa 机器人，这是一款轻量级机器人。它的特点是拥有高度灵活的七轴机械臂和复杂的力感控制系统，能够在装配线上执行精细操作，如插件和装配电子元器件。其智能控制系统允许机器人感知不同的装配压力，避免对敏感零件造成损害。

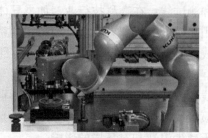

a) 双臂协作　　　　　　　　　　　　　　b) 装配作业

图 1-12　KUKA 的 LBR iiwa 机器人完成齿轮装配作业

未来，随着人工智能技术的进一步发展，人们预期智能工业机器人将更广泛地应用于自动化生产线。它们将能更加精确地预测和适应生产过程中可能出现的问题，实现更高级别的自主性和适应性。这不仅能提升生产效率，还能优化资源配置，降低生产成本，最终推动整个制造业向更智能、高效的方向发展。

1.4.2　共融机器人

共融机器人（Collaborative Robots，简称 Cobots）被设计用来与人类工作人员安全地共同作业。这些机器人的设计核心在于人机交互安全性，使得它们能在没有严格物理隔离的环境中与人类工作人员一起操作。共融机器人通常具有以下几个显著特点。

安全性：这类机器人装备有先进的传感器，能够感知周围的人类工作人员。一旦检测到人类接近，机器人可以自动减速或停止运动，以避免发生碰撞。

灵活性：共融机器人设计轻巧，易于编程，可以快速重新配置以适应不同的任务。这种灵活性使得它们特别适用于小批量和定制化生产。

简易操作：与传统工业机器人相比，共融机器人通常拥有更为直观的编程和操作界面，甚至可以通过手动引导机械臂来进行学习或编程，非常适合没有专业编程经验的操作员使用。

如图 1-13 所示，Universal Robots 的 UR 系列机器人是共融机器人领域的一个典型代表。这些机器人可以无须安全栅栏与人类一起在装配线或包装线上工作，极大地提高了工作空间的灵活性。例如，UR 机器人可以在电子制造业中与工人共同完成精密组件的装配工作，同时保证高效率和安全性。

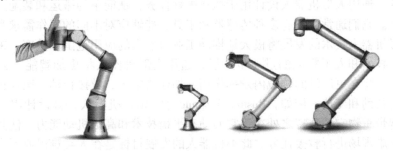

图 1-13　Universal Robots 的 UR 系列机器人

它们通常用于需要高度手工操作的精细作业，如组装小型或敏感部件。共融机器人的发展正在推动工业自动化向更加人性化和灵活化的方向发展。这类机器人的一个典型例子是 Universal Robots 的 UR 系列。这些机器人可以在没有安全围栏的情况下与人类同事共同作业，广泛应用于轻工业生产线，如电子产品的装配和测试。UR 机器人的柔性编程和易操作性使得它们能快速适应新的生产任务，极大提升了生产线的灵活性和效率。

随着工业自动化的深入发展，共融机器人的应用范围预计将持续扩大。它们不仅能够提升传统制造业的生产效率，还可能在服务业、医疗、教育等领域发挥重要作用。未来的共融机器人将更加智能，能够通过自然语言处理和更高级的认知技术更好地理解和预测人类同事的需求和行为，实现更深层次的协作。

1.4.3　通用人形机器人

通用人形机器人是工业机器人领域的前沿技术，其设计模仿人类的形态和动作，使其能在更广泛的环境中作业，特别是在那些传统工业机器人难以适应的复杂空间，图 1-14 所示为两种典型的人形机器人案例。这类机器人能够执行多种任务，从基本的搬运、装配到进行精细操作，甚至执行危险性高的任务如高空作业或灾难响应。通用人形机器人的主要功能和特点包括以下几点。

人形设计：这些机器人的设计灵感源自人类的解剖结构和动作方式，拥有人形的外观和动作能力。这种设计使得它们能够更好地适应人类设计的工作环境和设备，执行更加复杂和精细的任务。

a) Atlas机器人　　　　　　　　　　　b) GR-1机器人

图 1-14　两种典型的人形机器人案例

动态平衡：通用人形机器人通常配备有先进的动态平衡系统，使其能够在不平整的地形和不稳定的工作条件下保持稳定。这种能力使得它们能够在更广泛的环境中执行任务，如救援行动或建筑施工。

多功能性：通用人形机器人设计用于执行多种任务，从简单的搬运和装配到更复杂的操作和维护任务。它们通常配备有多种传感器和工具，能够应对不同的工作需求和环境变化。

通用人形机器人技术的发展将极大地推动工业机器人的应用范围和效率。未来，随着材料科学、传感技术和人工智能的进一步发展，通用人形机器人将更加智能、灵活和适应环境。这些机器人将在更广泛的领域内发挥作用，如建筑施工、救援行动、医疗护理等，为人类提供更多的帮助和支持。例如，Boston Dynamics 的 Atlas 机器人，被设计用于在不规则地形中行走和携带重物它的独特之处在于它的动态平衡技术和高级机动能力，使其能在复杂的工业环境或灾难现场进行救援任务。此类机器人的发展目标是在人类难以或不宜长时间工作的环境中，如危险的化学工厂或高辐射区，执行必要的操作和维护任务。我国的傅里叶通用人形机器人 GR-1 是自主研发，可以商业化量产的人形机器人，GR-1 拥有高度仿生的躯干构型和拟人化的运动控制，全身最多达 54 个自由度，最大关节峰值扭矩达 230N·m，具备快速行走、敏捷避障、稳健下坡、抗冲击干扰等运动功能，是通用人工智能的理想载体。

通过上述发展趋势的探讨，可以看到工业机器人技术的未来充满了潜力和机遇。智能化、柔性化、人机协作和自主化将是推动工业机器人进一步发展的关键方向。这不仅将改变生产线的工作方式，还将引领整个制造业向更高效、更智能的未来迈进。

1.5　本书的特点与结构

1.5.1　内容特点

目前机器人工程领域的教学与实践存在着知识面广、概念抽象、理论复杂、综合性强等特点，传统的实验与实践教学平台及方案存在开放灵活性、综合设计性、技术前沿性不足等问题。本书依托"湖南大学机器人视觉感知与控制技术国家工程研究中心"的自动化电子装配产线，开发出一套用于工业机器人视觉引导与控制知识学习的国家级虚拟仿真教学平台，如图 1-15 所示。该平台采用 Unity3D 和 3DStudio Max 软件技术，真实还原了电子产线中 UR10 六轴机器人，基础设计采用眼在手上模式对自由场景下的手机壳进行视觉定位、抓取和释放的一个视觉引导上料动作流程，训练学生掌握机器视觉识别与定位、运动学控制、机器人视觉控制算法的集成应用等知识技能。

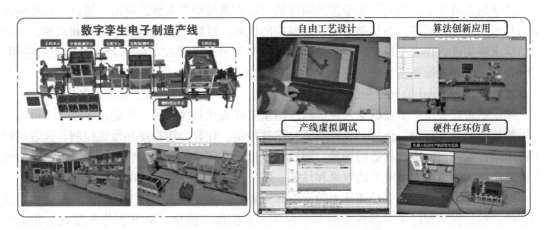

图 1-15 数字孪生电子制造机器人自动化产线仿真实验平台

本书基于上述自动化产线的数字孪生实验平台，设计"虚实结合、科教融合"的实践教学内容，有如下特点。

1）服务的专业类别广泛。可应用于自动化、机器人工程、电气工程、电子技术等专业。

2）课程设置灵活。既可作为独立的综合性工程实践课程开设，也可选择部分模块作为相关课程的实验环节（自动控制原理、机器视觉与模式识别、PLC 编程与实践等）。

3）节约教学设备成本。解决了机器人工程教学中建设成本高，实体机器人及产线系统等硬件资源有限，学习调试易出现机器人碰撞、超限等安全事故等问题。

4）开放探索式的实验环境。仿真平台具有开放的仿真环境和丰富的外部接口，可以自行进行设备选择与产线搭建，并可灵活编程实现视觉、运动算法及产线集成控制，进行探索式实验。

5）虚实结合，软硬互通。平台线上学习完成后还可通过硬件在环仿真实现算法验证，科研反哺教学，虚实结合帮助学生理解掌握相关基础理论，提高学生的实践动手能力。

1.5.2 章节内容介绍

第 1 章从整体上介绍了工业机器人系统及发展趋势。开篇介绍了工业机器人系统的基本概念、组成结构及其在各个领域的广泛应用。随后详细讨论了工业机器人的定义和分类，探讨其基本组成，包括机械结构、控制系统和通信系统等，并阐述其工作原理和模式。本章还介绍了常见的工业机器人自动化产线系统，涵盖了工业机器人、传送带、自动化夹具、视觉系统和控制软件等各个组成部分，描述了它们的功能、特点及其在自动化产线中的相互关

17

系。此外，本章还探讨了工业机器人的发展趋势，回顾了技术演进的历程，分析了当前的瓶颈和挑战，以及未来的技术方向，包括智能化、柔性化、人机协作和自主化等方面的趋势。通过对这些内容的介绍，读者能够全面了解工业机器人系统的整体架构和工作流程，为后续章节的学习打下坚实基础。

第2章深入探讨了工业机器人运动学的基本概念和原理。首先介绍了工业机器人运动学的描述方法，包括坐标系的定义、运动自由度和关节角度等。然后，详细讨论了正运动学和逆运动学的求解方法，特别是基于神经网络的机器人逆运动学求解的应用，通过引入神经网络的基本原理，展示了其在复杂运动学求解中的优势。最后，通过运动学示教和六轴机械臂运动学求解实践，读者可以验证所学知识，进一步理解运动学在实际机器人操作中的应用。同时介绍了机器人操作系统（ROS）及其在工业机器人中的应用。首先，介绍了 ROS 及其工业版 ROS-Industrial 的框架和优势，随后通过基于 MoveIt! 的机械臂运动控制实践。

第3章重点介绍了工业机器人控制算法的重要性及其具体应用。首先，通过介绍机械臂建模与控制的基本理论，包括 PID 控制、自抗扰控制、计算力矩控制和最优控制，读者可以了解不同控制算法的原理和适用场景。随后，通过一系列控制算法实验，读者可以亲自验证这些算法在实际机器人系统中的效果和性能，进一步加深对控制算法的理解。

第4章介绍了机器视觉感知技术的发展和重要性，首先描述了典型机器视觉系统的组成和功能，然后深入探讨了机器视觉的基本原理，如图像二值化、RGB 图像灰度化、角点提取和光照补偿等技术。接下来，详细解释了坐标系及其变换，包括世界坐标系、相机坐标系、图像坐标系和像素坐标系的转换方法，并介绍了基于灰度的图像匹配算法及其在 OpenCV 中的应用。这些内容为读者理解和应用机器视觉技术打下坚实基础。

第5章探讨了工业机器人自动化产线系统的集成技术，首先概述了工业自动化产线系统的基本组成和工作原理，然后详细讨论了工业自动化系统的通信与控制技术，最后通过具体的产线集成应用案例，展示了如何将这些技术有效地整合到实际的生产环境中，提高产线的自动化程度和生产效率。

第6章介绍了为本书教学内容设计的一套数字孪生综合创新设计平台，平台涵盖了面向前述几章内容的实践设计内容，通过数字化、信息化的可视化交互手段，为广大读者提供了一个随时随地开展工业机器人系统集成创新设计的开放式实践平台。

1.5.3 章节逻辑关系

各章节之间按照从基础到应用，从理论到实践的逻辑顺序排列。第1章为后续章节打下基础，介绍工业机器人的基本概念和发展趋势。第2~4章深入讲解工业机器人的运动学、控制算法和视觉感知与定位技术，为后续的创新设计与应用实践提供理论支持。第5章进一步探讨工业机器人自动化产线创新设计与集成应用。第6章介绍了一套数字孪生综合创新设计平台，为前几章内容提供实验实践教学方案，帮助读者通过实践加深对理论知识的理解和应用。

整体来看，本书通过系统化的内容安排和逻辑清晰的结构设计，为读者提供了一条从基础到高级、从理论到实践的学习路径，帮助读者全面掌握工业机器人系统综合设计的知识与技能。

第2章 工业机器人运动学

2.0 绪论

本章将深入探讨工业机器人的运动学原理。首先，将介绍工业机器人的基本运动学概念，包括坐标系、运动自由度、关节角度等。然后，将详细讨论工业机器人的运动学模型，包括正运动学和逆运动学。接下来，将介绍工业机器人的轨迹规划和插补算法。最后，将完成一个机器人运动学的仿真实验。通过学习本章内容，读者将能够全面理解工业机器人的运动学原理和控制方法，为后续章节的学习奠定基础。

2.1 工业机器人运动学基本概念

工业机器人运动学研究机器人各组成部分运动的几何学关系，主要包括正运动学和逆运动学。正运动学用于确定机器人末端执行器的位置和姿态，而逆运动学则用于计算实现特定位置和姿态所需的关节角度。这一节将详细描述工业机器人运动学的基础知识和关键概念。

首先，工业机器人运动学描述需要建立坐标系。常见的坐标系有世界坐标系、基座坐标系、工具坐标系和关节坐标系等，这些坐标系是后续建立机器人各机械部分运动模型的基础。

接下来是描述工业机器人的运动自由度（Degrees of Freedom，DoF）。一个机器人系统的自由度是指它能够独立运动的数量。例如，一个典型的六轴机器人通常有 6 个自由度，每个自由度对应一个独立的旋转关节。这些关节的运动组合使机器人能够在三维空间中达到任意位置和姿态。

关节角度（Joint Angles）是描述机器人各个关节状态的重要参数。对于每个旋转关节，关节角度表示该关节相对于其初始位置的旋转量。通过控制这些角度，机器人可以实现复杂的空间运动。直角坐标系和关节坐标系之间的转换是机器人运动学的核心内容之一。

正运动学（Forward Kinematics）是指从已知的关节角度出发，通过一系列矩阵变换计算机器人末端执行器的位姿（位置和姿态）。这一过程通常利用齐次变换矩阵进行描述。每个关节的运动可以表示为一个变换矩阵，通过这些矩阵的连乘，可以得到末端执行器相对于基座的总变换矩阵，从而确定其在空间中的具体位置和方向。

逆运动学（Inverse Kinematics）则是从已知的末端执行器位姿出发，计算实现该位姿所需的关节角度。这一过程相对复杂，因为一个给定的末端位姿可能对应多个解，甚至无解。

逆运动学的求解通常依赖于数值方法和优化算法，例如迭代法和神经网络方法。逆运动学的精确求解对于机器人精确控制和路径规划至关重要。

通过建立详细的坐标系、理解运动自由度和关节角度的概念，并掌握正运动学和逆运动学的基本原理，读者可以系统地理解工业机器人运动学的描述方法。这些知识不仅是机器人运动控制的基础，也是实现复杂任务和提高生产效率的关键。

2.2 工业机器人运动学建模

2.2.1 工业机器人坐标系定义

工业机器人空间描述的关键在于坐标系的建立和转换。坐标系是用于描述机器人及其末端执行器在空间中位置和姿态的重要工具。了解不同类型的坐标系及其转换关系是掌握工业机器人运动学的基础。

1. 世界坐标系（World Coordinate System）

世界坐标系是一个固定的参考框架，用于描述机器人和工作环境中的所有位置和方向。它是绝对静止的，通常设置在机器人工作环境的某个固定点，作为所有其他坐标系的参考点。世界坐标系的轴通常与工作环境的边界对齐，例如地面上的网格线或工作台的边缘。

2. 基座坐标系（Base Coordinate System）

基座坐标系固定在机器人基座上，是描述机器人本体运动的参考系。基座坐标系的原点通常位于机器人底座的中心点，坐标轴根据机器人的安装位置进行定义。基座坐标系的建立是为了方便描述机器人各关节的运动。

3. 关节坐标系（Joint Coordinate System）

关节坐标系是每个关节的局部坐标系，用于描述各个关节的相对运动。每个关节都有自己的坐标系，通常关节坐标系的原点位于关节的旋转中心或滑动中心。通过关节坐标系，可以详细描述每个关节的旋转角度或滑动距离。

4. 工具坐标系（Tool Coordinate System）

工具坐标系固定在机器人末端执行器上，用于描述工具在空间中的位置和方向。工具坐标系的原点通常位于工具的作用点，如焊接枪的尖端或夹持器的中心。工具坐标系的定义对于精确控制末端执行器的操作至关重要。

5. 图像坐标系和像素坐标系

在涉及机器视觉的机器人系统中，还需使用图像坐标系和像素坐标系。图像坐标系是相机成像平面的坐标系，用于描述图像上的点的位置，原点通常在图像的中心或左上角。像素坐标系则用于描述图像中每个像素的位置，通常以像素为单位进行标定。

不同坐标系之间的转换是工业机器人运动学的重要内容。常用的转换方法是通过齐次变换矩阵（Homogeneous Transformation Matrix），每个变换矩阵描述从一个坐标系到另一个坐标系的平移和旋转。

平移变换：描述坐标系原点的平移，可以用一个 3×1 的向量表示。

旋转变换：描述坐标系轴的旋转，可以用一个 3×3 的矩阵表示。

通过将平移和旋转组合到一个 4×4 的齐次变换矩阵中，可以统一描述从一个坐标系到另一个坐标系的变换。多个坐标系的转换可以通过矩阵连乘实现，从而得到末端执行器在世界坐标系中的位置和姿态。例如，一个六轴机械臂的基座坐标系固定在基座上，每个关节都有自己的关节坐标系，通过关节旋转和平移，最终确定末端执行器在工具坐标系中的位置。然后，通过转换矩阵将工具坐标系的位姿转换到世界坐标系中，确定其在工作环境中的具体位置和方向。

通过对这些坐标系的理解和运用，工业机器人能够实现精确的空间定位和操作，为复杂运动任务的优化提供数学建模基础。下面将以建立机器人基座到末端的运动学模型为重点介绍运动学建模的过程。

2.2.2　工业机器人空间描述

机器人操作的定义是指通过某种机构使零件和工具在空间运动。这自然就需要表达零件、工具以及机构本身的位置和姿态。为了定义和运用表达位姿的数学量，必须定义建立一个基坐标系，然后在此基坐标系下研究机器人的相关参数、位置及姿态描述。

1. 机器人位置描述

对于直角坐标系 $\{A\}$，空间任一点 p 的位置可用位置矢量 ${}^A\boldsymbol{p}$ 表示：

$$ {}^A\boldsymbol{p} = (p_x \quad p_y \quad p_z)^{\mathrm{T}} \tag{2-1} $$

式中，${}^A\boldsymbol{p}$ 的上标 A 代表参考坐标系 $\{A\}$；p_x、p_y、p_z 是点 p 在坐标系 $\{A\}$ 中的 3 个坐标分量。

2. 机器人姿态描述

为了描述机器人的运动状况，不仅要确定机器人某关节或末端执行器的位置，还需要确定机器人的姿态。例如，为了确定机器人某关节 B 的姿态（关节 B 所在坐标系为 $\{B\}$），用坐标系 $\{B\}$ 的 3 个单位主矢量 ${}_B\boldsymbol{x}$、${}_B\boldsymbol{y}$、${}_B\boldsymbol{z}$ 相对于参考坐标系 $\{A\}$ 的方向余弦组成的 3×3 矩阵来表示此关节 B 相对于坐标系 $\{A\}$ 的姿态，即

$$ {}^A_B\boldsymbol{R} = \begin{pmatrix} {}^A_B\boldsymbol{x} & {}^A_B\boldsymbol{y} & {}^A_B\boldsymbol{z} \end{pmatrix} = \begin{pmatrix} r_{11} & r_{12} & r_{13} \\ r_{21} & r_{22} & r_{23} \\ r_{31} & r_{32} & r_{33} \end{pmatrix} = \begin{pmatrix} \cos\alpha_x & \cos\alpha_y & \cos\alpha_z \\ \cos\beta_x & \cos\beta_y & \cos\beta_z \\ \cos\gamma_x & \cos\gamma_y & \cos\gamma_z \end{pmatrix} \tag{2-2} $$

式中，${}^A_B\boldsymbol{R}$ 称为旋转矩阵，上标 A 代表参考坐标系 $\{A\}$，下标 B 代表参考坐标系 $\{B\}$；α 是 ${}^A\boldsymbol{p}$ 与 x 轴的夹角；β 是 ${}^A\boldsymbol{p}$ 与 y 轴的夹角；γ 是 ${}^A\boldsymbol{p}$ 与 z 轴的夹角。

2.2.3　连杆描述

机械臂可以看作由一系列刚体通过关节连接而成的一个运动链，将这些刚体称为连杆。从机械臂的固定基座开始为连杆进行编号，可以称固定基座为连杆 0，第一个可动连杆为连杆 1，以此类推，机械臂最末端的连杆为连杆 n。

用空间的直线来表示关节轴。关节轴 i 可用空间的一条直线，即一个矢量来表示，连杆

i 绕关节轴 i 相对于连杆 $i-1$ 转动。由此可知，在描述连杆的运动时，一个连杆的运动可用两个参数描述，这两个参数定义了两个关节轴之间的相对位置。

三维空间中的任意两条线之间的距离均为一个确定值，两条线之间的距离即为两线之间公垂线的长度。两线之间的公垂线总是存在的，当两关节轴不平行时，两关节轴之间的公垂线只有一条。当两关节轴平行时，则存在无数条长度相等的公共垂线。在图 2-1 中，关节轴 $i-1$ 和关节轴 i 之间公垂线的长度为 a_{i-1}，a_{i-1} 即为连杆长度。也可以用另一种方法来描述连杆长度 a_{i-1}，以关节轴 $i-1$ 为轴线作一个圆柱，并且把该圆柱的半径向外扩大，直到该圆柱与关节轴 i 相交时，这时圆柱的半径即等于 a_{i-1}。

用来定义两关节轴相对位置的第二个参数为扭转角。假设作一个平面，并使该平面与两关节轴之间的公垂线垂直，然后把关节轴 $i-1$ 和关节轴 i 投影到该平面上，在平面内关节轴 $i-1$ 按照右手法则绕 a_{i-1} 转向关节轴 i，测量两轴线之间的夹角，用转角 α_{i-1} 定义连杆 $i-1$ 的扭转角。在图 2-1 中，α_{i-1} 表示关节轴 $i-1$ 和关节轴 i 之间的夹角（上面带有三条短画线的两条线为平行关节轴线）。当两个关节轴线相交时，两轴线之间的夹角可以在两者所在的平面中测量获得。

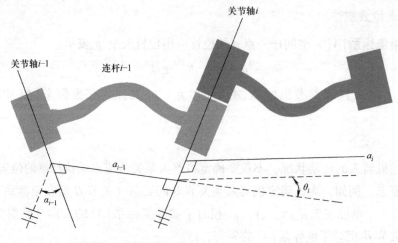

图 2-1　描述连杆运动参数：连杆长度 a 和扭转角 α

2.2.4　描述连杆连接关系

相邻两个连杆通过一个公共的关节轴连接。沿公共轴线方向的距离称为连杆偏距，在关节轴 i 上的连杆偏距记为参数 d_i。另一个参数描述相邻连杆绕公共轴线旋转的夹角，称为关节角，用 θ_i 表示。图 2-2 展示了互相连接的连杆 $i-1$ 和连杆 i。根据定义，a_{i-1} 表示连接连杆 $i-1$ 两端关节轴的公垂线长度。同样，a_i 表示

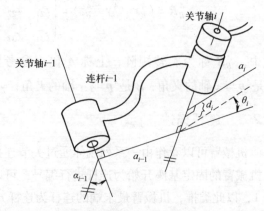

图 2-2　描述相邻连杆连接参数：连杆偏距 d_i 和关节角 θ_i

另一连杆 i 关节轴的公垂线长度。第一个描述相邻连杆连接关系的参数是从公垂线 a_{i-1} 与关节轴 i 的交点到公垂线 a_i 与关节轴 i 的交点的有向距离，即连杆偏距 d_i，如图 2-2 所示。当关节 i 为移动关节时，连杆偏距 d_i 是一个变量。

第二个描述相邻两连杆连接关系的参数是关节角 θ_i，它是 a_{i-1} 的延长线和 a_i 之间绕关节轴 i 旋转所形成的夹角。图 2-2 中，标有双斜线的直线为平行线。当关节 i 为转动关节时，关节角 θ_i 是一个变量。

2.2.5 连杆参数

机械臂的每个连杆可以用 4 个运动学参数来描述，其中两个用于连杆本身，另两个用于连杆之间的连接关系。对于转动关节，关节变量是 θ_i，而其他 3 个参数是固定的；对于移动关节，关节变量是 d_i，而其他 3 个参数同样是固定的。这种方法被称为 Denavit – Hartenber 参数描述方法。尽管还有其他描述机构运动的方法，但在此不再赘述。通过这种方法，可以确定并描述任意机构的 Denavit – Hartenber 参数。例如，一个 6 关节机器人有 24 个参数，其中 18 个是固定的。如果所有关节都是转动关节，这 18 个固定参数可以用 6 组 (a_i, α_i, d_i) 来表示。

2.2.6 连杆坐标系

对于一个新机构，可以按照下面的步骤正确地建立连杆坐标系。

1）找出各关节轴，并标出（或画出）这些轴线的延长线。在下面的步骤 2~5 中，仅考虑两个相邻的轴线（关节轴 i 和关节轴 $i+1$）。

2）找出关节轴 i 和关节轴 $i+1$ 之间的公垂线或关节轴 i 和关节轴 $i+1$ 的交点，以关节轴 i 和关节轴 $i+1$ 的交点或公垂线与关节轴 i 的焦点作为连杆坐标系 $\{i\}$ 的原点。

3）规定 $\hat{Z}_i$ 轴沿公垂线的指向。

4）规定 $\hat{X}_i$ 轴沿公垂线的指向，如果关节轴 i 和关节轴 $i+1$ 相交，则规定 $\hat{X}_i$ 轴垂直于关节轴 i 和关节轴 $i+1$ 所在的平面。

5）按照右手定则确定 $\hat{Y}_i$ 轴。

根据虚拟实验平台，构建连杆坐标系，如图 2-3 所示，结合 $\hat{Z}_i$ 坐标轴、$\hat{X}_i$ 坐标轴位置，利用右手定则确定 $\hat{Y}_i$ 坐标轴。

2.3 正运动学求解

当机器人各关节的旋转角度给定时，求解机器人末端执行器在空间坐标系下的坐标就是正向运动学求解问题。一般来说，正向运动学解是唯一和容易获得的。

对于正运动学求解，一般采用 D-H 算法。按照前面所述内容构建机械臂连杆坐标系，得到 UR10 机器人的 Denavit – Hartenber 参数，记录于表 2-1 中。由于 UR10 机器人的 6 个关节都为转动关节，因此所有参数中只有关节角 θ_i 为变量。

表 2-1　UR10 机器人 D-H 模型参数

关节	关节角 $\theta_i/(°)$	连杆长度 a/m	连杆偏距 d/m	扭转角 $\alpha/(°)$
Joint1	θ_1	0	0.1273	90
Joint2	θ_2	-0.6120	0	0
Joint3	θ_3	-0.5723	0	0
Joint4	θ_4	0	0.16394	90
Joint5	θ_5	0	0.1157	-90
Joint6	θ_6	0	0.0922	0

在对全部连杆规定坐标系之后，就能够按照下列顺序由两个旋转和两个平移来建立相邻两连杆坐标系 $i-1$ 和 i 之间的相对关系，如图 2-3 所示。

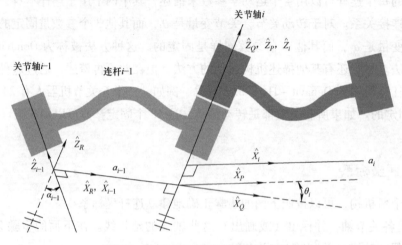

图 2-3　连杆两端相邻坐标系变换示意图

1）绕 $\hat{X}_{i-1}$ 轴旋转 α_{i-1} 角，使 $\hat{Z}_{i-1}$ 转到 $\hat{Z}_R$，同 $\hat{Z}_i$ 方向一致，使坐标系 $\{i-1\}$ 过渡到 $\{R\}$。

2）坐标系 $\{R\}$ 沿 $\hat{X}_{i-1}$ 轴平移一段距离 a_{i-1}，把坐标系移到 i 轴上，使坐标系 $\{R\}$ 过渡到 $\{Q\}$。

3）坐标系 $\{Q\}$ 绕 $\hat{Z}_i$ 轴转动 θ_i 角，使 $\{Q\}$ 过渡到 $\{P\}$。

4）坐标系 $\{P\}$ 再沿 $\hat{Z}_i$ 轴平移一段距离 d_i，使 $\{P\}$ 过渡到与 i 杆的坐标系 $\{i\}$ 重合。

这种关系可由表示连杆 i 对连杆 $i-1$ 相对位置的 4 个齐次变换来描述。根据坐标系变换的链式法则，坐标系 $\{i-1\}$ 到坐标系 $\{i\}$ 的变换矩阵可以写成

$$_{i}^{i-1}\boldsymbol{T} = {}_{R}^{i-1}\boldsymbol{T} \cdot {}_{Q}^{R}\boldsymbol{T} \cdot {}_{P}^{Q}\boldsymbol{T} \cdot {}_{i}^{P}\boldsymbol{T} \tag{2-3}$$

式中的每一个变换都是仅有一个连杆参数的基础变换（旋转或平移变换），根据各坐标系的关系，可得

$$_{i}^{i-1}\boldsymbol{T} = \text{Rot}(x,\alpha_{i-1})\,\text{Trans}(\alpha_{i-1},0,0)\,\text{Rot}(z,\theta_i)\,\text{Trans}(0,0,d_i) \tag{2-4}$$

$$_{i}^{i-1}\boldsymbol{T} = \begin{pmatrix} \cos\theta_i & -\sin\theta_i\cos\alpha_i & \sin\theta_i\sin\alpha_i & \alpha_i\cos\theta_i \\ \sin\theta_i & \cos\theta_i\sin\alpha_i & -\cos\theta_i\sin\alpha_i & \alpha_i\sin\theta_i \\ 0 & \sin\alpha_i & \cos\alpha_i & d_i \\ 0 & 0 & 0 & 1 \end{pmatrix} \tag{2-5}$$

利用各连杆的转换矩阵进行相乘即可求解机器人的末端位姿，特别注意的是，该表达式中有且仅有关节角 θ_i 为变量。

$$
{}^{0}_{6}\boldsymbol{T} = {}^{0}_{1}\boldsymbol{T} \cdot {}^{1}_{2}\boldsymbol{T} \cdot {}^{2}_{3}\boldsymbol{T} \cdot {}^{3}_{4}\boldsymbol{T} \cdot {}^{4}_{5}\boldsymbol{T} \cdot {}^{5}_{6}\boldsymbol{T} = \begin{pmatrix} n_x & o_x & a_x & p_x \\ n_y & o_y & a_y & p_y \\ n_z & o_z & a_z & p_z \\ 0 & 0 & 0 & 1 \end{pmatrix} \tag{2-6}
$$

式中，n_x、n_y、n_z、o_x、o_y、o_z、a_x、a_y、a_z 为机器人的末端姿态分量；p_x、p_y、p_z 为机器人的末端位置分量，即机器人末端执行器在空间坐标系中的坐标。

式（2-6）中各参数含义如下：

$$
\begin{cases}
n_x = c_6(s_1 s_5 + c_5 c_1 c_{234}) - s_6 c_1 s_{234} \\[4pt]
n_y = c_6(c_5 s_1 c_{234} - c_1 s_5) - s_6 s_5 s_{234} \\[4pt]
n_z = c_5 c_6 s_{234} + s_6 c_{234} \\[4pt]
o_x = -s_6(c_5 c_1 c_{234} + s_1 s_5) - c_6 c_1 s_{234} \\[4pt]
o_y = -s_6(c_5 s_1 c_{234} - c_1 s_5) - c_6 s_1 s_{234} \\[4pt]
o_z = c_6 c_{234} - c_5 s_6 s_{234} \\[4pt]
a_x = -s_5 c_1 c_{234} + c_5 s_1 \\[4pt]
a_y = -s_5 s_1 c_{234} - c_1 c_5 \\[4pt]
a_z = -s_5 s_{234}
\end{cases} \tag{2-7}
$$

式中，$s_i = \sin\theta_i$；$c_i = \cos\theta_i$。

2.4　逆运动学求解

在实际应用中往往指定机器人末端位姿，通过计算求得机器人到该位姿时的各关节转角变量，并驱动机器人移动到该位置下。这种求解各关节变量的过程即为机器人逆运动学分析。

2.4.1　多重解问题

在求解运动学方程时，可能会遇到多重解的问题。例如，一个具有 3 个旋转关节的平面机械臂，由于其可以从任何方位到达工作空间内的任意位置，因此在平面中具有较大的灵活工作空间（前提是连杆长度合适且关节运动范围大）。图 2-4 显示了在某一特定姿态下，带有末端执行器的三连杆平面机械臂。无填充区域表示另一种可能的位形，在这种位形下，末端执行器的可达姿态与第一种位形相同。

由于系统最终只能选择一个解，机械臂的多重解现象会带来一些问题。解的选择标准是

多样的，但一个合理的选择应该是取
"最短行程"解，即使每一个运动关节的
移动量最小的解。例如，在图 2-5 中，
在没有障碍的情况下，机械臂末端执行
器从 A 移动到 B 时，可以选择图 2-5 中
上部无填充区域所示的位形。

通过算法可以选择关节空间内的最
短行程解。然而，"最短行程"解可能有
不同的确定方式。例如，典型的机器人
有 3 个大连杆和 3 个小连杆，姿态连杆

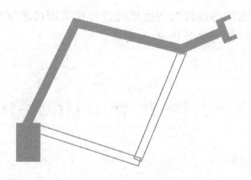

图 2-4　三连杆机器人，无填充区域代表第二个解

靠近末端执行器。在计算"最短行程"解时，需要加权，使得优先选择移动小连杆而不是
大连杆。在存在障碍的情况下，"最短行程"解可能会发生干涉，这时只能选择"较长行
程"解。因此，一般需要计算所有可能的解。例如，在图 2-5 中，障碍的存在意味着须按照
下部无填充区域所示的位形才能到达 B 点。

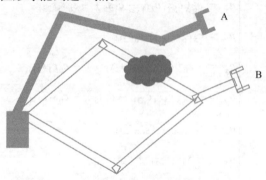

图 2-5　环境中有障碍物时的多解选择

2.4.2　数值求解法

逆运动学求解是一个非线性超越方程组的求解问题，无法建立通用的解析算法，由多种
方法可用来求解逆运动学问题。计算过程这里不做详细推导，请读者参考相关书籍资料学习
相关内容，此处提供 UR10 机器人利用数值求解法得到的各关节角度：

$$\theta_1 = \arctan\left(\frac{p_y}{p_x}\right) - \arctan\frac{(d_2 + d_3)^2}{\pm\sqrt{r^2 - (d_2 + d_3)^2}} \tag{2-8}$$

$$\theta_2 = \arctan\frac{c_1 o_x + s_1 o_y + c_5 c_6 \dfrac{c_1 a_x + s_1 a_y}{s_5} + c_6 \dfrac{a_z}{s_5}}{o_z - c_6 \dfrac{c_1 a_x + s_1 a_y}{s_5} + c_5 c_6 \dfrac{a_z}{s_5}} \tag{2-9}$$

$$\theta_3 = \arctan\left(\frac{-c_1 s_2 p_x - s_1 s_2 p_y - c_2 p_z + d_5 \dfrac{c_1 c_2 a_z + s_1 c_2 a_y - s_2 a_z}{s_5}}{a_3}\right) \tag{2-10}$$

$$\theta_4 = \arcsin\left(\frac{-a_z}{s_5}\right) - \arctan\frac{c_1 o_x + s_1 o_y + c_5 c_6 \dfrac{c_1 a_x + s_1 a_y}{s_5} + c_6 \dfrac{a_z}{s_5}}{o_z - c_6 \dfrac{c_1 a_x + s_1 a_y}{s_5} + c_5 c_6 \dfrac{a_z}{s_5}} -$$

$$\arcsin\left(\frac{-c_1 s_2 p_x - s_1 s_2 p_y - c_2 p_z + d_5 \dfrac{c_1 c_2 a_z + s_1 c_2 a_y - s_2 a_z}{s_5}}{a_3}\right) \tag{2-11}$$

$$\theta_5 = \arccos(s_1 a_x - c_1 a_y) \tag{2-12}$$

$$\theta_6 = \arccos\left(\frac{c_1 n_y - s_1 n_x}{s_5}\right) \tag{2-13}$$

式中，n_x、n_y、o_x、o_y、o_z、a_x、a_y、a_z 为机器人的末端姿态分量，具体含义详见式（2-7）；p_x、p_y、p_z 为机器人的末端位置分量，即机器人末端执行器在空间坐标系中的坐标。

数值求解法的流程分为以下四步。

1）初值选择：选择合适的初值进行迭代。初值选择对于求解结果的收敛速度和准确性有重要影响。

2）迭代计算：利用数值方法（如牛顿-拉弗森法）进行迭代计算，逐步逼近方程的解。每次迭代计算需要计算雅可比矩阵和其逆矩阵。

3）收敛判定：设定收敛条件，如误差的阈值，当误差小于设定阈值时，迭代停止，得到最终解。

4）多解处理：由于逆解的数量可能不是唯一的，可能会得到 8 组机器人的逆解，这就需要通过机器人的约束关系来选取逆解中最符合要求的一组作为机器人当前位姿的解。

机器人逆运动学存在多种解法，读者可自行查找资料，了解更多的解法。

2.4.3 基于神经网络的逆运动学求解

逆运动学求解是一个非线性超越方程组的求解问题，难以直接计算。基于神经网络构建模型并优化模型权重的方法误差较大。使用优化输入的方法来获得精确的逆解，网络参数不变，根据损失函数调整输入数据的方法被广泛用于深度风格迁移中。选择适当的神经网络架构，如全连接网络、卷积神经网络、循环神经网络等均可用来解决逆运动学问题。利用神经网络快速的自动求导和优化功能，首先随机生成一组逆解，逐步优化得到精确解，如图 2-6 所示。

1）给定位姿矩阵 T_{true}。

2）模型随机给定一组关节角 *joints*，利用随机产生的 *joints* 计算随机位姿 T_{pred}，计算此时的误差：

$$\text{Loss}(T, T') = \frac{1}{n}\sum_{i=1}^{n}|T_i - T_i'| \tag{2-14}$$

3）神经网络优化器 Adam 根据 $\text{Loss}(T, T')$ 优化随机生成的 *joints*。

4）随着 *joints* 的不断优化，$\text{Loss}(T, T')$ 也越来越小。

5）当 $\text{Loss}(T, T')$ 足够小时，即利用网络优化产生的 *joints* 计算出的位姿与给定位姿接

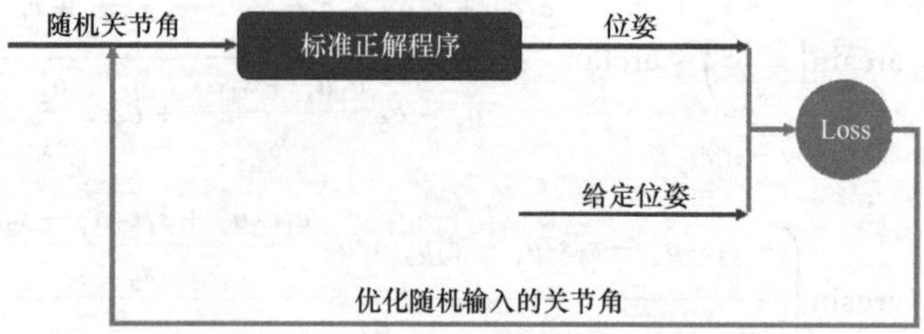

图 2-6　基于神经网络的逆运动学求解思路

近，说明此时的 *joints* 即为给定位姿下的运动学逆解。

该方法的特点如下：

1）利用神经网络优化输入，思路与自动控制原理里的反馈回路类似，逐步逼近最优解。

2）单次预测 $0.5 \sim 2s$，误差小于 $0.01m$（可调），要求误差越小优化时间越长。

2.4.4　神经网络 Adam 优化的机器人逆运动学 Python 求解举例

1. T_mat（theta，d，a，alpha）函数

输入：关节角度 *theta*，连杆长度 *d*，连杆偏距 *a*，扭转角 *alpha*。

输出：连杆坐标系 $\{i-1\}$ 到连杆坐标系 $\{i\}$ 的变换矩阵。

计算公式：

$$
{}^{i-1}_{i}\boldsymbol{T} = \begin{pmatrix} \cos\theta_i & -\sin\theta_i & 0 & 0 \\ \sin\theta_i & \cos\theta_i & 0 & 0 \\ 0 & 0 & 1 & 0 \\ 0 & 0 & 0 & 1 \end{pmatrix} \begin{pmatrix} 1 & 0 & 0 & 0 \\ 0 & 1 & 0 & 0 \\ 0 & 0 & 1 & d_i \\ 0 & 0 & 0 & 1 \end{pmatrix} \begin{pmatrix} 1 & 0 & 0 & 0 \\ 0 & \cos\alpha_i & -\sin\alpha_i & 0 \\ 0 & \sin\alpha_i & \cos\alpha_i & 0 \\ 0 & 0 & 0 & 1 \end{pmatrix} \begin{pmatrix} 1 & 0 & 0 & a_i \\ 0 & 1 & 0 & 0 \\ 0 & 0 & 1 & 0 \\ 0 & 0 & 0 & 1 \end{pmatrix}
$$

$$(2-15)$$

T_mat（theta，d，a，alpha）函数实现代码如图 2-7 所示。

2. fk（joints）函数

输入：6 个关节的关节角度组 $joints = [theta1, theat2, theat3, theat4, theat5, theat6]$。

输出：末端位姿矩阵。

计算方法：首先调用 T_mat（theta，d，a，alpha）函数计算 6 个连杆变换矩阵，然后根据 6 个连杆变换矩阵求末端位姿。

计算公式：

$$
{}^{0}_{6}\boldsymbol{T} = {}^{0}_{1}\boldsymbol{T} \cdot {}^{1}_{2}\boldsymbol{T} \cdot {}^{2}_{3}\boldsymbol{T} \cdot {}^{3}_{4}\boldsymbol{T} \cdot {}^{4}_{5}\boldsymbol{T} \cdot {}^{5}_{6}\boldsymbol{T} = \begin{pmatrix} n_x & o_x & a_x & p_x \\ n_y & o_y & a_y & p_y \\ n_z & o_z & a_z & p_z \\ 0 & 0 & 0 & 1 \end{pmatrix}
$$

$$(2-16)$$

fk（joints）函数实现代码如图 2-8 所示。

```python
def T_mat(theta, d, a, alpha):

    T_mat_1 = torch.eye(4).float()
    T_mat_1[0, 0] = torch.cos(theta)
    T_mat_1[0, 1] = -torch.sin(theta)
    T_mat_1[1, 0] = torch.sin(theta)
    T_mat_1[1, 1] = torch.cos(theta)

    T_mat_2 = torch.tensor([[1., 0., 0., 0.],
                            [0., 1., 0., 0.],
                            [0., 0., 1., d],
                            [0., 0., 0., 1.]]).float()

    T_mat_3 = torch.tensor([[1., 0., 0., 0.],
                            [0., np.cos(alpha), -np.sin(alpha), 0.],
                            [0., np.sin(alpha), np.cos(alpha), 0.],
                            [0., 0., 0., 1.]]).float()

    T_mat_4 = torch.tensor([[1., 0., 0., a],
                            [0., 1., 0., 0.],
                            [0., 0., 1., 0.],
                            [0., 0., 0., 1.]]).float()

    T_mat = T_mat_1.mm(T_mat_2).mm(T_mat_3).mm(T_mat_4)

    return T_mat.float()
```

图 2-7　T_mat (theta, d, a, alpha) 函数实现代码

```python
# 求正解
# 给定角度 => 位姿
def fk(joints):
    thea_1, thea_2, thea_3, thea_4, thea_5, thea_6 = joints
    T = []
    # 构建DH表
    DH = [[thea_1, 0.1273, 0, np.pi / 2],
    [thea_2, 0, -0.6120, 0],
    [thea_3, 0, -0.5723, 0],
    [thea_4, 0.16394, 0, np.pi / 2],
    [thea_5, 0.1157, 0, -np.pi / 2],
    [thea_6, 0.0922, 0, 0]]

    # 6个关节对应6个连杆坐标系
    # 6个连杆坐标系对应6个其次变换矩阵
    for i, (thea_i, d_i, a_i, alpha_i) in enumerate(DH):
        T.append(T_mat(thea_i, d_i, a_i, alpha_i))

    # 各连杆的变换矩阵进行相乘求出解机器人的末端位姿
    T60 = T[0].mm(T[1]).mm(T[2]) .mm(T[3]) .mm(T[4]).mm(T[5])
    return T60
```

图 2-8　fk (joints) 函数实现代码

3. 给定目标位姿

位姿矩阵为 4×4 矩阵，一般形式为

$$
\begin{pmatrix}
n_x & o_x & a_x & p_x \\
n_y & o_y & a_y & p_y \\
n_z & o_z & a_z & p_z \\
0 & 0 & 0 & 1
\end{pmatrix}
\tag{2-17}
$$

式中，n_x、n_y、n_z、o_x、o_y、o_z、a_x、a_y、a_z 为机器人的末端姿态分量；p_x、p_y、p_z 为机器人的末端位置分量，即机器人末端执行器在空间坐标系中的坐标（见图 2-9）。

需要注意的姿态分类是一个旋转矩阵（9 个数组成），已知旋转矩阵可用旋转向量（3 个数组成）表示，因此如果给定的是旋转向量，需提前转换为旋转矩阵（Python 编程语言下可使用 cv2. Rodrigues( )函数）。

```
# 输入目标位姿矩阵
Target_Mat = torch.tensor([[-1, 0, 0, 0], [0, 1, 0, 0.688],[0, 0, -1, 0.6471], [0, 0, 0, 1]])
```

图 2-9　输入目标位姿矩阵

4. 构建模型、优化器和损失函数（见图 2-10）

优化器使用 Adam 优化器，优化器和学习率均可更换。
损失函数采用 L1Loss，可更换。

```
# 构建模型
net = Model()

# 优化器和损失函数
optimizer = torch.optim.Adam([net.joints.requires_grad_()], lr=0.1)
criterion = torch.nn.L1Loss()
```

图 2-10　构建模型、优化器和损失函数

5. 优化随机输入（见图 2-11）

最大优化次数设定为 50000 次（可修改），当优化出的关节角度符合误差范围时，将跳出循环，一般不需优化 50000 次便可得到结果。

6. 运行方法（见图 2-12）

将 train. py 和 model. py 文件放在同一文件夹下，在 train. py 文件中输入给定的末端位姿矩阵，运行程序即可获得结果。

```
# 开始优化预测关节角
for epoch in range(0, 50000):

    # 网络输入量 net.joints：输入为随机产生的关节角度
    # 网络输出量 outputs：根据输入的关节角度计算出的预测位姿
    outputs = net(net.joints)

    # 梯度清零
    optimizer.zero_grad()

    # 将网络预测位姿与标准位姿比较，计算损失
    loss = criterion(outputs, Target_Mat)

    # 利用损失优化随机产生的关节角度
    loss.backward()
    optimizer.step()

    # 输出目前损失
    if epoch % 1000 == 0:
        print('当前损失：', loss.item())

    # 当损失小于0.01时，停止优化
    # 打印：1.此时优化后的关节角度（即给定位姿下的逆解）
    #       2.计算此关节角度对应的位姿观察与给定位姿是否相同（若相同，说明逆解无误）
    if loss.item() < 0.01:
        print('预测关节角度为：\n', net.joints.detach().numpy())
        print('利用预测关节角计算出的位姿矩阵：\n', outputs.detach().numpy())
        print('利用预测关节角计算出的位姿矩阵与给定位姿评价误差：\n', loss.item())
        break
```

图 2-11　优化随机输入

```
预测关节角度为
[-1.5568 -0.0567 -1.2835 52.962 1.5481 0.0016]
利用预测关节角计算出的位姿矩阵：
[[-0.9999  0.0115   0.0019  -0.162]
 [ 0.0116  0.9999   0.0037  0.5989]
 [-0.0018  0.0038  -1.      0.6443]
 [0.      0.       0.       1.    ]]
利用预测关节角计算出的位姿矩阵与给定位姿评价误差：
 0.008015255443751812
```

图 2-12　运行程序即可获得结果

2.5 工业机器人运动控制设计案例

2.5.1 任务背景和要求

在学习机器人运动学基础、机器人控制的原理和方法后，本章基于虚拟仿真平台进行机器人轨迹规划控制、运动学求解的实践。具体任务是：在电子产线的上料工位，要求控制 UR10 工业机器人依次搬运手机外壳到传送带上。要求设计合适的若干中间点和目标点实现机器人运动轨迹规划（运动过程中间点和目标点），编写相应控制指令，或通过正逆运动学求解实现运动控制算法，将手机壳搬运到传送带的目标位置。通过案例能够学习如图 2-13 所示的内容。

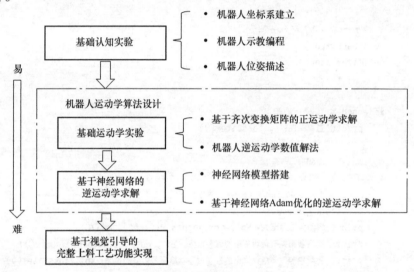

图 2-13　机器人运动控制设计流程

1）了解通用工业机器人坐标系建立、姿态描述、连杆参数建模方法和 D-H 表格建立的方法；能结合实际的应用场景完成工业机器人的型号选型。

2）熟练运用工业机器人常见的示教编程等控制方式。

3）能熟练运用数学解析法实现机器人的正、逆运动学的求解，并能够利用软件工具实现基础的运动学算法编程实现。

4）能利用神经网络算法求解多关节串联机器人的逆运动学。

本节的设计实践是基于第 6 章工业机器人系统综合设计创新平台来完成的。本节按照由易到难的顺序设置内容，其流程如图 2-13 所示。其中"基础运动学实验"中的自主编程功能还需配合 Visual Studio 软件实现；而"基于神经网络的逆运动学求解"实验还需要结合其他合适的软件平台（如 Python IDE/Matlab）共同实现。

2.5.2 基于指令的工业机器人轨迹规划与控制

本节学习通过机器人指令控制示教编程。通过设计若干中间点和目标点，合理规划机械臂运动轨迹，掌握机器人指令编程控制方法。进入国家虚拟仿真平台软件界面的流程，以及实验软件的界面和功能，详见本书第 6 章。

主要步骤如下。

步骤 1：考虑空间障碍物和实际生产线的空间情况等因素，设计若干中间轨迹点（如 P1、P2、P3…）和目标点，规划合理的机器人运动轨迹，最终实现手机壳抓取，在运动轨迹的关键节点示教机器人，如图 2-14 所示。在每个关键节点单击"添加示教点"即可添加轨迹中的示教点；若要修改示教点，则选中要修改的示教点调节位姿，再单击保存示教点即可。

步骤 2：添加示教点位置后，单击输入指令按钮，利用示教编程指令编写相应的运动控制指令，如图 2-15 所示（相关的编程指令说明参见书末附录）。

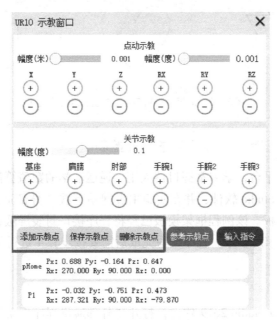

图 2-14　运动轨迹的示教

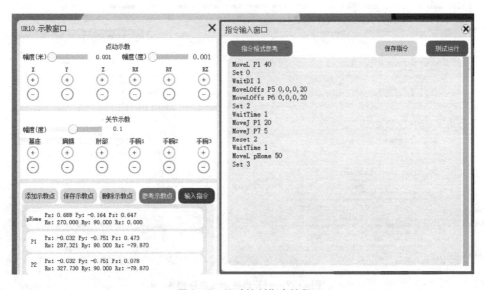

图 2-15　运动控制指令编程

步骤3：最后保存设置的运行控制指令并测试运行。

步骤4：请读者运用机械臂点动示教功能，自主添加示教点（踩点），并使用示教指令完成如图2-16中形状的运动轨迹。

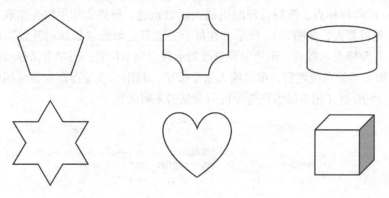

图2-16　运用机械臂示教控制完成运动轨迹

2.5.3　基于算法的机器人正逆运动学编程控制

本节基于虚拟仿真平台，学习掌握机器人正、逆运动学的数值算法求解方法。该部分实验任务需要安装 Visual Studio 软件，并在实验主页网站下载"外部通讯程序框架"文件夹，其中包含了例程框架模板。该例程框架模板已经将程序接口封装屏蔽，实验者只需要根据输入 DH 参数，自己编写求解程序。程序编写完成后需要按步骤4进行说明操作配置，以实现系统联调。

1. 正运动学求解步骤

步骤1：启动 Visual Studio 2019 软件，打开"外部通讯程序框架"文件夹。在文件夹内找到 Server.cs 文件，双击打开该文件，如图2-17所示。

图2-17　打开自主编程程序框架

步骤 2：打开 Server. cs 文件后，找到 HandleRequest 模块下的【正解】程序块，单击【正解】旁边的【＋】号或者双击【正解】打开程序块，并在上下两行【/＊＊＊＊"、＊＊＊＊/】内根据运动学正解原理编写正解程序。

步骤 3：正解程序说明。

已知条件：

1）当前机器人各轴角度值，存放于_newAngleArray 数组中。

2）待发送的数据格式及数据变量（_px，_py，_pz，_ax，_ay，_az，_ox，_oy，_oz，_nx，_ny，_nz）。

3）角度值与弧度值转换函数以及 sin、cos 函数。

4）各轴齐次变换矩阵变量（t01，t12，t23，t34，t45，t56）和末端姿态矩阵变量（t06）。

待编写程序：

根据获取的各轴角度值，计算出机器人末端姿态矩阵，并使用该矩阵的相应元素为数据变量（_px，_py，_pz，_ax，_ay，_az，_ox，_oy，_oz，_nx，_ny，_nz）赋值。

步骤 4：调试验证。如图 2-18 所示，运行外部通讯程序，并选择机器人驱动为外部通讯接口，建立连接。再在示教窗口调节关节示教，观察外部通讯测试程序界面显示的末端坐标是否和仿真软件的末端坐标一致，如图 2-19 所示。

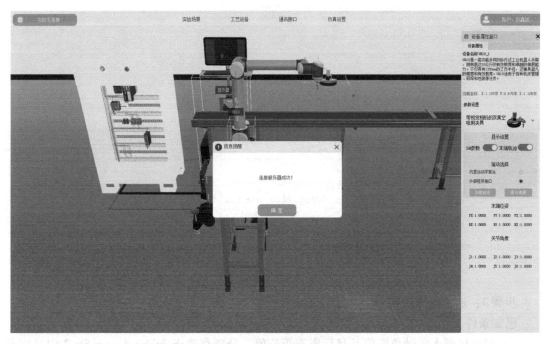

图 2-18　使用外部通讯接口运行自主编写的程序

2. 机器人逆运动学的数值算法求解

步骤 1：启动 Visual Studio 2019 软件，打开"外部通讯程序框架"文件夹。在文件夹内找到 Server. cs 文件，并双击打开该文件。

步骤 2：打开 Server. cs 文件后，找到 HandleRequest 模块下的【逆解】程序块，单击

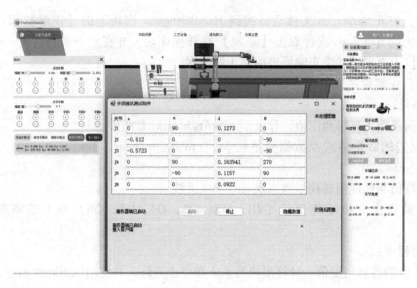

图 2-19　正解结果比较

【逆解】旁边的【＋】号或者双击【逆解】打开程序块，并在上下两行【/＊＊＊＊ " 、
＊＊＊＊/】内根据运动学逆解原理编写逆解程序，如图 2-20 所示。

```
public void HandleRequest(RequestCode requestCode, string data, Client client)
{
    //Console.Write("[Response]");
    lock (lockthis)
        ControlMsg.Append("接收到的系统数据: " + requestCode /*+ "|" + data*/ + "\r\n");

    switch (requestCode)
    {
        case RequestCode.PositiveSolution:
            正解
            break;
        case RequestCode.InverseSolutionBest:
            #region 逆解
            _dhsList = new List<float[]>();
            _newAngleArray = new float[6];
            strs = data.Split('|');
            subStrs1 = strs[0].Split(',');//角度值
            subStrs2 = strs[1].Split(',');//姿态矩阵值
            id = strs[2];//设备id
            /*在此处写您的逆解代码, 并求出最优解******************************
            //求解出关节1, 2, 3, 4, 5, 6
            //一共有八组解, 求出最优解
            ******************************************************/
            //往仿真发送数据
            SendResponse(client, RequestCode.InverseSolutionBest, id + "|" + theta1 + "," + theta2 + "," + theta3 + "," + theta4 + "," + theta5 + ","
            lock (lockthis)
                ControlMsg.Append("传入系统数据: " + RequestCode.InverseSolutionBest + "|" + id + "|" + theta1 + "," + theta2 + "," + theta3 + ","

            #endregion
            break;
        case RequestCode.VisualCameraCalCoordinate:
            视觉相机计算坐标
```

图 2-20　逆解编程位置

步骤 3：逆解程序说明。

已知条件：

1）当前机器人各轴角度值及目标姿态矩阵值，分别存放于 subStrs1、subStrs2 中（字符
型数据，使用时需先转换为浮点型数据）。

2）待发送的数据格式及数据变量（theta1，theta2，theta3，theta4，theta5，theta6，
_px，_py，_pz，_ax，_ay，_az，_ox，_oy，_oz，_nx，_ny，_nz）。

3）DH 参数值保存于 DHsList 列表中（可在 Form1. cs 文件中查看）。

待编写程序：

1）根据运动学逆解原理编程求出 8 组逆解。

2）在 8 组逆解中选出最优的一组解赋给相应数据变量。

步骤 4：调试验证。运行外部通讯程序，并选择机器人驱动为外部程序接口，建立连接。再在示教窗口调节点的示教，观察末端位置是否和仿真软件一致及仿真软件中的关节角度，再换一组解回传，观察仿真软件中机器人各轴的角度变化及末端位置是否和原来一致，如图 2-21 所示。

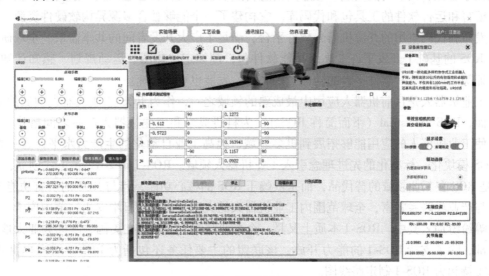

图 2-21　逆解结果比较

3. 基于神经网络的逆运动学算法求解

在 Server. cs 文件开头导入 Adam 神经网络库，Adam 神经网络的训练需要设置优化器、学习率、损失函数、误差精度、迭代初始值和最大迭代次数等，具体算法已在 2.4.4 节中进行了介绍。导入 Adam 库后，需要在 C# 中将仿真软件的目标姿态矩阵作为参数调用 train 函数，train 函数将会返回满足误差精度的预测关节角度数组，最终在 C# 中将获得的预测关节角度取出赋给相应的数据变量，完成机器人的运动控制仿真。

2.6　基于 ROS 的机械臂运动控制

机器人操作系统（Robot Operating System，简称 ROS）是目前最通用的开源机器人中间件。本节学习基于机器人操作系统框架的机器人运动控制方法。

2.6.1　机器人操作系统介绍

当前除了工业机器人外，还有家用服务机器人、移动机器人、医疗机器人、特种作业机器人等，机器人种类繁多，应用领域广泛。这些不同领域机器人的软件系统有各自独特的需求，在机器人软件开发方面，面临着易用性、模块化、跨平台、多编程语言支持、分布式计算和代码可重用性等要求。为解决这些问题，近年来出现了多个机器人中间件系统，其中机器人操作系统应运而生，并在众多中间件平台中脱颖而出，逐渐成为机器人软件操作系统的事实标准。ROS 是由 Willow Garage 于 2010 年推出的一个机器人软件平台，它为不同的机器人提供类似操作系统的功能。其前身是斯坦福人工智能实验室的 STAIR（STanford AI Robot）和 PR（Personal Robots）等服务机器人项目。2007 年，Willow Garage 公司继承了该项目的研发工作，并最终于 2010 年正式对外发布了 ROS 这一开源软件项目。

ROS 作为一个开源软件项目，它提供类似操作系统的功能，包括硬件抽象描述、底层驱动程序管理、共享功能实现、程序间消息传递、程序发行包管理以及一系列用于获取、建立、编写和运行软件的工具包和代码库。它构建了一个能够整合多源异构软硬件资源，实现算法发布和代码重用的开源机器人软件平台，满足了广大开发者间的共享需求。全球研究人员在 ROS 的基础上开发了许多高级功能软件包，例如定位建图、运动规划、感知认知和仿真验证等，使得这一软件平台的功能更加丰富，发展也更加迅速。

工业机器人是目前机器人应用中最成熟的领域之一，作为 ROS 工业机器人领域的分支，一方面，ROS-Industrial（下面简称 ROS-I）为科研成果和工业机器人产品之间搭建一个桥梁，使工业机器人的应用能够拓展到更多领域，提高工业自动化的生产力水平；另一方面，把 ROS 模块化、标准化的先进理念引入工业机器人领域。ROS-I 于 2012 年正式创立，ROS-I 不是 ROS 在工业领域的替代品，而是依赖于 ROS 的核心功能，且与 ROS 的所有功能兼容。由于与产业界联系紧密，全球范围内工业机器人的大型公司，如日本安川、德国库卡、丹麦优傲等纷纷加入其中。ROS-I 本质上又是一个企业联盟，该联盟在美国、欧洲和亚太地区设有分部，除了支持 ROS-I 的能力开放，该联盟的主要任务还包括为 ROS-I 用户提供培训、技术支持和为 ROS-I 制定路线图。

ROS-I 并不会替代工业机器人的控制器，而是与现有控制器进行通信，也称为 ROS-I 与工业机器人的互操作。除工业机器人互操作性之外，ROS-I 还关注代码的质量和可靠性，因为这些对工业自动化领域非常重要。为了达到这个目的，ROS-I 包括了代码质量的自动评估，告知用户和开发人员相关功能包的代码成熟度。具体来讲，ROS-I 的内涵包括：

1）为工业自动化相关的 ROS 软件提供一站式代码托管仓库。

2）致力于软件的健壮性和可靠性，以满足工业应用的需求。

3）将 ROS 的优势与现有技术相结合，换句话说，将 ROS 的上层功能与工业机器人控制器的可靠性和安全性相结合，而不是完全取代工业机器人现有技术。

4）利用标准化接口推动与特定产品无关软件的开发。

5）通过使用通用 ROS 体系结构，为将前沿研究应用于工业应用提供一条"简单"的途径。

6）提供简单、易用、文档完备的应用程序编程接口。

2.6.2　ROS-Industrial 的框架与优势

1. ROS-I 的体系结构

ROS-I 的体系结构如图 2-22 所示。其中，最上层是图形用户界面（GUI）层，一部分是 ROS 中现在已有的 UI 工具，另外一部分是专门针对工业机器人的通用 UI 工具，目前还在开发。第二层则包含 3 个部分，从左到右依次是 ROS 层、MoveIt! 层和 ROS-I 应用层。其中 ROS 层包含 ROS 所有的功能，提供核心的通信机制；正如前面所述，ROS-I 依赖于 ROS。MoveIt! 层实现对机械臂的运动规划与控制，将在下一节具体介绍。ROS-I 应用层是针对工业自动化具体应用的长序列行为规划和状态机管理，这个模块也还在开发中。第三层是 ROS-I 接口层，该层实现了工业机器人的客户端（industrial_robot_client），可以通过简洁消息协议（simple_message）与机器人的控制器通信，实现对各个厂家不同产品的硬件支持。第四层是简洁消息层，该层定义了 ROS-I 与工业机器人控制器的通信协议，负责通信数据的打包和解析。第五层是 ROS-I 控制器层，包含各机器人生产商开发的工业机器人控制器。最右侧是 ROS-I 的配置模块，该模块支持对于上三层的参数配置，包括机械臂的 URDF 模型、ROS 运行参数和 ROS-I 的相关协议。

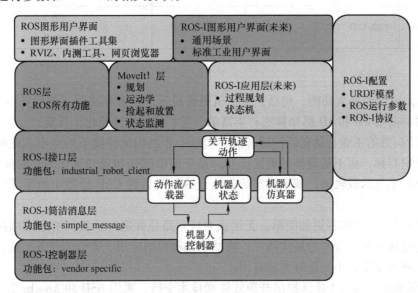

图 2-22　ROS-I 的体系结构

从图 2-22 所示的体系结构可以看到，ROS-I 在复用已有 ROS 框架、功能的基础上，针对工业领域进行了针对性的拓展。而且，基于简洁消息层，可以适配不同厂家的机器人控制器。目前 ROS-I 对于工业机器人产品提供不同程度的支持，见表 2-2。

表 2-2　ROS-I 对于工业机器人的支持

厂商	控制器	位置流	轨迹下载	轨迹流	力矩控制	IO控制	机械臂	MoveIt!功能包
ABB	IRC5	否	是	否	否	否	IRB-2400	是
							IRB-5400	否
Adept	CX, CS	是	否	否	否	否	Viper 650	否
Fanuc	R-30iA R-30iB	是	否	否	否	否	LR Mate 200iC	是
							LR Mate 200iD	是
							M-10iA	是
							M-16iB/20	是
							M-20iA(/10L)	是
							M-430iA/(2F,2P)	是
							M-900iA/260L	否

厂商	控制器	位置流	轨迹下载	轨迹流	力矩控制	IO 控制	机械臂	MoveIt! 功能包
Motoman	DX100 FS100 DX200 YRC1000	否	否	是	否	是	SIA10D/F	否
							SIA20D/F	是
							MH5F	是
							SDA10F	是
Universal Robot	CB2/CB3	是	否	否	否	是	UR 5	是
							UR 10	是

2. ROS-I 的优势

1）继承 ROS 的强大功能，包括：提供机械臂逆运动学解算功能，包括自由度数高于 6 个的机械臂；前沿 2D 和 3D 感知算法；丰富的开发、仿真和可视化工具集。

2）支持高效的工业自动化新应用开发，包括：非结构化环境下的应用，此时需要前沿感知算法识别目标，而不是简单的重复作业；基于前沿感知和规划算法的长时间轨迹规划，而不是简单的重复示教轨迹；基于模型的方法允许针对各种 CAD 模型中的零部件进行自动编程。

3）面向任务层的编程更加简单。无须认为规划路径并进行示教，给定末端执行器的路径点，自动计算一条无碰撞的最优路径；将抽象编程原则应用于类似的任务，这在小批量生产或者工作环境发生微小变化时尤其有用。

4）降低成本。ROS-I 社区提供开源软件和技术支持，采用 BSD 和 Apache 2.0 许可证授权，可以不受限制地用于商业行为；通过在大量工业机器人上标准化软硬件接口，打通工业机器人产品之间的互操作性。

2.6.3 MoveIt! 机械臂运动控制

MoveIt! 是由 Willow Garage 开发、由斯坦福国际研究院（SRI International）进行维护的一个用于机械臂运动控制的 ROS 功能包集。传统工业机器人应用中，需要通过拖动示教器确定机器人运动中的所有路径点，MoveIt! 在已知当前状态和目标状态下，能够自动完成运动规划。它主要提供运动学、路径规划、碰撞检测三大核心功能，以插件的形式集成了包含运动规划、操作控制、3D 视觉、运动学和控制与导航算法等功能模块，提高了机械臂的开发效率，为机械臂的开发者创造了一个易于开发的集成化平台。使用 MoveIt! 实现机械臂控制的 4 个步骤如下。

第一，组装。控制需要对象，可以是真实的机械臂，也可以是仿真的机械臂，但都要创建完整的机器人 URDF 模型。

第二，配置。使用 MoveIt! 控制机械臂之前，需要根据机器人的 URDF 模型，再使用 Setup Assistant 工具完成自碰撞矩阵、规划组、终端夹具等配置，配置完成后生成一个 ROS 功能包。

第三，驱动。使用 ArbotiX 或者 ROS control 功能包中的控制器插件，实现对机械臂关节的驱动。插件的使用方法一般分为两步：首先创建插件的 YAML 配置文件，然后通过 launch

文件启动插件并加载配置参数。

第四，控制。MoveIt! 提供了 C＋＋、Python、rviz 插件等接口，可以实现机器人关节空间和工作空间下的运动规划，规划过程中会综合考虑场景信息，并实现自主避障的优化控制。

1. Moveit! 功能包的整体架构

如图 2-23 所示，MoveIt! 的整体架构主要由 4 部分组成，分别是：用户接口、ROS 参数服务器、move_group 以及机器人。

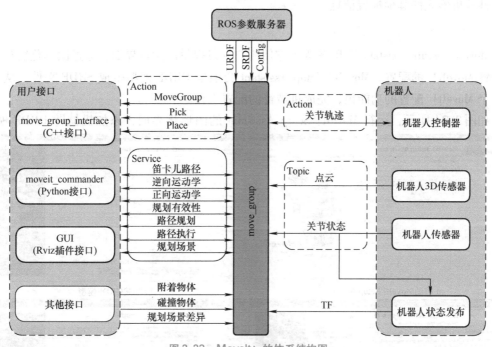

图 2-23　MoveIt! 的体系结构图

move_group 是 MoveIt! 核心节点，类似于 ROS 系统中的 ROS Master，综合其他独立功能组件提供 ROS 中的动作指令和服务。move_group 本身并不具备丰富的功能，主要用于完成各功能包、插件的集成，协调统一管理 MoveIt! 中面向用户接口、机器人和 ROS 参数服务器的众多节点，使整个系统的控制运作良好。

用户接口模块主要是面向用户的，根据用户的具体的开发要求，对机械臂的碰撞检测、运动学正逆解、路径规划等节点进行代码的编写，通过动作（Action）或服务（Service）的通信形式发送给 move_group，而 move_group 也以同样的通信方式将机械臂的运动状态信息反馈给用户接口模块，完成对机械臂的实时监控。用户接口模块提供 3 种不同的应用程序编程接口（API）来供开发者使用，以满足不同语言的开发需求，分别是 C＋＋、Python、GUI。C＋＋使用 move_group_interface 包提供的 API；Python 使用 moveit_commander 包提供的 API；GUI 使用 Rviz 的 Motion Planning 插件。

机器人模块是 MoveIt! 主要的操作对象，当用户接口模块将用户指令发送给 move_group 时，move_group 会以 Action 的通信形式发送给机器人模块，并且将执行状态反馈给 move_group。move_group 可以利用机器人传感器和机器人状态发布者，通过发布 Topic 的方式获取机械运动状态信息。如果需要加入机器人外部感知能力，也可以通过机器人3D传感器发布点云数据。

ROS参数服务器用于获取机器人参数信息，当机器人的MoveIt！配置完成后，ROS参数服务器通过调用函数来对机器人不同的参数信息进行解析。在ROS参数服务器中提供了3种信息，调用robot_description函数可以获取URDF模型中的描述信息；调用robot_description_semantic函数可以获取机器人模型在MoveIt！中的配置SRDF参数信息；move_group也可以寻找在ROS参数服务器配置的Config参数信息，包括关节限位、运动学插件和运动规划插件等机器人的其他配置信息。

2. MoveIt！功能包配置

MoveIt! Setup Assistant是ROS为了方便用户开发提供的用户界面，通过图形化窗口完成机械臂MoveIt！的配置。MoveIt! Setup Assistant会根据URDF模型生成SRDF文件，从而创建一个MoveIt！配置的功能包，完成机械臂的配置工作。

如图2-24所示，运行MoveIt! Setup Assistant的图形化界面，添加机械臂URDF模型，

a) 启动MoveIt! Setup Assistant 　　　　　b) 加载URDF模型

c) 配置自碰撞矩阵 　　　　　d) 设置运动规划组

e) 预设机械臂位姿 　　　　　f) 生成配置功能包

图2-24　MoveIt！Setup Assistant 配置流程

成功加载后，会在右侧显示出机械臂模型。配置机械臂的自碰撞矩阵，在碰撞检测的过程中如果对所有的连杆关节进行检查的话，会耗费大量的计算资源和运算时间，而自碰撞矩阵是设置一定数量的随机采样点，根据这些点生成碰撞参数，检测寻找那些因为结构特点或运动学约束而不产生碰撞的连杆，关闭这些连杆的碰撞检测，从而提高了效率。设置运动规划组是将机械臂按功能将多个组成部分（link，joint）集成到一个组中，如机械臂本体组、机械臂前端夹爪组，这种分组的方式可以更方便地针对机械臂的各个部分进行控制，更有利于完成机械臂的运动规划的任务。预设机械臂的位置是将机械臂的初始位姿或开发过程中的一些特殊位姿进行自定义设置，在运动控制的过程中，可以直接通过调用位姿名获取这些位姿的位姿信息，方便开发。最后对功能包命名，生成配置文件。

3. MoveIt！机械臂运动控制编程

MoveIt！的用户接口模块中提供了 MoveGroupInterface 作为 C++ 的编程接口类，见表 2-3。

表 2-3 MoveGroupInterface 常用类成员函数

类成员函数	函数功能
Void setPoseReferenceFrame（）	设置目标位置所使用的参考坐标系
geometry_msgs::PoseStamped getPoseTarget（）	获取机械臂末端的目标位置
Void setGoalOrientationTolerance（）	设置用于达到目标的姿态公差（每个关节）
Void setGoalPositionTolerance（）	设置用于达到目标的位置公差（每个关节）
Void setMaxAccelerationScalingFactor（）	设置一个比例因子，范围值是（0，1）。将机器人模型中指定的最大关节加速度乘以该因子（限制加速度）
Void setMaxVelocityScalingFactor（）	设置一个比例因子，范围值是（0，1）。将机器人模型中指定的最大关节速度乘以该因子（限制速度）
Void setStartStateToCurrentState（）	将机器人当前的状态设置为初始状态
MoveItErrorCode plan（）	计划一条轨迹
MoveItErrorCode execute（）	执行一条轨迹，轨迹由 plan（）获取
Bool setJointValueTarget（）	设置每个关节的目标值（可以是 Position，Orientation，Pose）
Bool setPoseTarget（）	设置机械臂的目标位置

在 MoveGroupInterface 中类成员函数也覆盖了大部分机械臂控制的操作指令，可以大体分为公共的类成员函数、设置关节状态目标函数、设置姿态目标函数、规划路径函数和查询机械臂状态参数函数。在公共的类成员函数中主要是获取机械臂基本信息和对机械臂的运动参数的设置，如获取运动规划组、设置关节位姿误差和速度加速度限制等。在设置关节状态目标函数中，主要是设置每个关节的目标值，也可以随机产生关节角度。设置姿态目标函数与设置关节状态目标函数类似，都是对目标位置进行设定，但在设置姿态目标时需要指定参考坐标系。规划路径函数主要有 plan、execute、move 等函数，当目标点的关节或位姿确定时，plan 函数可以调用集成到 MoveIt！中碰撞检测和路径规划算法，并在 RVIZ 界面中显示出规划的路径，execute 函数则是在 plan 路径成功时将路径信息发送给控制器，完成真实机械臂的运动控制，而 move 函数是规划并执行，即 plan+execute。plan、execute、move 返回值的类型都是 MoveItErrorCode，成功返回 1，失败则返回对应的错误代码。查询机械臂状态参数函数可以查询当前机械臂的关节和位姿信息，方便进行人机交互和运动规划。

43

　　运动学正逆解、点动和回零的 MoveIt! 编程相类似，下面以逆解为例进行介绍。如图 2-25 所示，在 MoveIt! 编程中是以运动规划组为整体进行运动控制的，所以以 MoveIt! Setup Assistant 中建立运动规划组为参数创建 MoveGroupInterface 的派生类，在派生类中对速度、加速度和位姿误差等运动规划参数进行设置，设定第一关节的连杆坐标系为参考坐标系，并设置当前机械臂的状态为起始位置。创建 Pose 的消息类型，Pose 是 ROS 封装的有关机械臂的位姿的消息结构体，从人机交互界面中获取目标位置的位姿信息并写入 Pose 中，通过 setPoseTarget 函数设定目标位置。调用 plan 函数，返回为 1 时调用 execute 函数并显示运行成功，当规划失败时，则显示运算失败和错误代码。

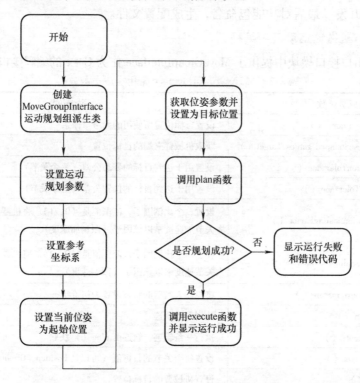

图 2-25　运动学逆解 MoveIt! 编程流程图

2.6.4　基于 ROS 的机械臂运动控制案例

　　基于 ROS 的机械臂运动控制案例，将介绍如何设置 ROS 环境，并编写一个简单的 ROS 节点来控制 UR10 机械臂的运动。旨在为学习者提供一个完整的 UR10 机械臂运动控制的案例指南。通过本案例，能够更好地理解和掌握 ROS 和机械臂控制的基础知识。

1. 环境配置

　　1）安装 ROS Noetic，在 Ubuntu 系统上安装 ROS Noetic。具体步骤请参考 ROS 官方安装指南。

sudo sh-c 'echo "deb http://packages. ros. org/ros/ubuntu $(lsb_release- sc) main" > /etc/apt/sources. list. d/ros- latest. list '

sudo apt- key adv - - keyserver 'hkp: //keyserver. ubuntu. com：80 ' - - recv- key C1CF6E31E6-

BADE8868B172B4F42ED6FBAB17C654

```
sudo apt update
sudo apt install ros-noetic-desktop-full
echo "source /opt/ros/noetic/setup. bash" >> ~/. bashrc
source ~/. bashrc
sudo apt install python3-rosdep
    sudo rosdep init
    rosdep update
```

2）安装 Universal Robots ROS 驱动：

```
sudo apt-get update
sudo apt-get install ros-noetic-universal-robot
```

3）安装 MoveIt！用于运动规划：

```
sudo apt-get install ros-noetic-moveit
```

4）创建一个 ROS 工作空间并编译：

```
mkdir -p ~/ur10_ws/src
cd ~/ur10_ws/
catkin_make
source devel/setup. bash
```

2. 启动 UR10 模拟环境

1）启动 ROS Master。

```
roscore
```

2）启动 UR10 模拟器：在另一个终端中启动 UR10 Gazebo 模拟器。

```
roslaunch ur_gazebo ur10_bringup. launch
```

3）安装 Universal Robots ROS 驱动：在另一个终端中启动 MoveIt！。

```
roslaunch ur10_moveit_config ur10_moveit_planning_execution. launch sim：= true
```

3. 编写控制节点

1）创建一个新的 ROS 包 ur10_control，该包将包含控制 UR10 机械臂的节点：

```
cd ~/ur10_ws/src
catkin_create_pkg ur10_control std_msgs rospy roscpp
```

2）创建控制脚本：在 ur10_control 包中创建一个名为 move_arm. py 的 Python 脚本。

```
cd ~/ur10_ws/src/ur10_control
mkdir scripts
cd scripts
touch move_arm. py
chmod +x move_arm. py
```

3）编辑 move_arm. py，添加以下内容：

```
#! /usr/bin/env python
import sys
```

```
import rospy
import moveit_commander
import geometry_msgs. msg
def move_arm ( ):
    #初始化 moveit_commander 并启动 ROS 节点
    moveit_commander. roscpp_initialize ( sys. argv )
    rospy. init_node ( ' move_arm ', anonymous = True )
    #初始化机械臂的组
    arm_group = moveit_commander. MoveGroupCommander ( " manipulator " )
    #创建一个目标位置的对象
    pose_target = geometry_msgs. msg. Pose ( )
    pose_target. orientation. w = 1. 0
    pose_target. position. x = 0. 4
    pose_target. position. y = 0. 1
    pose_target. position. z = 0. 4
    #设置目标位置
    arm_group. set_pose_target ( pose_target )
    #规划和执行运动
    plan = arm_group. go ( wait = True )
    #关闭并释放资源
    arm_group. stop ( )
    arm_group. clear_pose_targets ( )
    moveit_commander. roscpp_shutdown ( )
if __name__ = = '__main__':
    try:
        move_arm ( )
    except rospy. ROSInterruptException:
        pass
```

4. 编译并运行控制节点

1）编译工作空间：

```
cd ~ / ur10_ws/
catkin_make
source devel/setup. bash
```

2）运行控制节点。确保所有其他 ROS 节点和模拟环境都在运行，然后在一个新的终端中运行控制节点：

```
rosrun ur10_control move_arm. py
```

UR10 机械臂将移动到设定的位置（0.4，0.1，0.4）。除通过设定目标位置控制机械臂外，还可通过设定关节角度（JointState）来控制机械臂的运动。本案例介绍了如何配置 ROS

环境，安装必要的软件包，并编写和运行一个控制 UR10 机械臂的简单节点。这些基础知识是进行更复杂的机器人控制和应用开发的起点。

习题

2-1　如果单击了参考示教点和示例指令（见图 2-15），单击测试运行后机器人只完成到达 P1 点的运动轨迹，而并不进行抓取，为什么？应如何修改？

2-2　打开参数显示面板和示教窗口（见图 2-26），改变关节轴角度，观察机器人末端的位姿有什么变化，验证末端位置和机器人的转动角的关系（DH 表在仿真软件中可显示）。

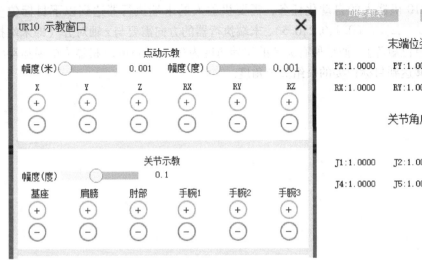

图 2-26　机器人关节角度与末端位姿的关系

2-3　实现机器人抓取功能的参考点设置方法是否唯一？若不唯一，请举例说明。

2-4　打开仿真软件中 UR10 机器人的 D-H 参数，将如图 2-27 中的 D-H 表填写完整。

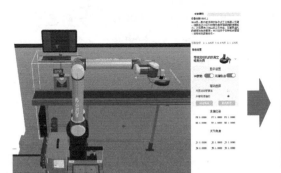

表一 UR10 机器人 D-H 模型参数			
关节	关节角 θ_i /(°)	连杆长度 a /m	连杆偏距 d /m	扭转角 α /(°)
Joint1	θ_1		0.1273	90
Joint2	θ_2	−0.6120	0	0
Joint3	θ_3	−0.5723	0	0
Joint4	θ_4		0.16394	90
Joint5	θ_5	0	0.1157	−90
Joint6	θ_6	0	0.0922	0

图 2-27　查找 UR10 机械臂参数并填写 D-H 表

2-5　尝试编程或手工计算关节角度分别为 90°、0°、90°、180°、90°、90°时的末端姿态矩阵，并在虚拟软件调整关节角度，观察软件中的位姿与计算出的位姿是否一致。

2-6　将机器臂末端位姿 pHome ＝（Px，Py，Pz，Rx，Ry，Rz）＝（0.688，−0.164，0.647，

180, 0, -90) 移动至给定目标位姿 p1 = (Px, Py, Pz, Rx, Ry, Rz) = (-0.600, -0.600, 0.500, -180, 0, -90), 试图找出两组不同的关键角度解。

2-7 测试指令 MoveJ P1 10, 并观察测试结果, 思考结果出现的原因。

2-8 一个 2R 机器人由两个旋转关节和两个连杆组成, 连杆 1 的长度 $a_1 = 0.5$m, 连杆 2 的长度 $a_2 = 0.3$m, 关节 1 的角度 θ_1 可变, 关节 2 的角度 θ_2 可变, 为 2R 机器人的每个连杆建立局部坐标系。

2-9 UR10 机械臂的末端执行器需要达到一个特定的目标位姿。给定以下关节角度 (单位: rad): $\theta_1 = 0.5$, $\theta_2 = -0.3$, $\theta_3 = 0.7$, $\theta_4 = -0.2$, $\theta_5 = 0.4$, $\theta_6 = -0.1$。根据题 2-4 的 D-H 参数表, 计算末端执行器的位姿。

2-10 使用 UR10 机器人的自动化任务, 需要机器人的末端执行器达到以下目标位姿 (单位: m): $P = (x, y, z) = (0.4, 0.2, 0.5)$, 末端执行器的方向需要与 z 轴对齐 (即末端执行器的旋转矩阵为单位矩阵), 假设所有关节的初始角度为 0。使用 UR10 机器人的逆运动学求解方法, 计算能够达到目标位姿的一组关节角度。

第 3 章　工业机器人控制算法

3.0　绪论

本章主要介绍工业机器人控制系统的组成、分类、控制策略和实验验证。首先，给出工业机器人控制系统的定义、组成和作用；其次，从位置控制、力控制、速度控制和力/位混合控制策略四个方面详细讨论控制策略的设计思路；再次，给出 3 种控制方法讨论；最后，通过实验，阐述工业机器人控制算法的设计与测试。通过学习本章内容，读者将掌握工业机器人控制算法设计与仿真验证的能力，为后续章节的学习打下坚实的基础。

随着工业 4.0 时代的到来，智能制造已成为推动制造业转型升级的关键力量。工业机器人作为智能制造的核心装备之一，其控制算法的设计与优化是机器人能够精确、高效地完成各项任务的关键所在。因此，深入研究和掌握工业机器人控制算法对于提升工业自动化水平、实现制造业高质量发展具有重要意义，主要体现在以下几个方面。

1）提高机器人的运动精度和稳定性：通过优化控制算法，可以实现对机器人运动轨迹的精确控制，提高机器人的运动精度和稳定性，从而保证产品质量和生产效率。

2）提升机器人的智能化水平：随着人工智能技术的不断发展，将人工智能技术引入工业机器人控制算法中，可以实现机器人的自主学习、自主决策和自主执行等功能，提升机器人的智能化水平。

3）拓展机器人的应用领域：通过研究和开发新的控制算法，可以拓展工业机器人的应用领域，如医疗康复、家庭服务等领域，进一步推动机器人的普及和应用。

就控制目标而言，机器人控制算法分为以下几类。

1）位置控制：主要关注机器人末端执行器的位置精度和稳定性，适用于需要精确定位和稳定控制的场景，如装配、焊接等。

2）力控制：主要关注机器人与环境之间的相互作用力，如装配、抓放物体时所需的力或力矩，可应用于需要人机协作或对不确定的任务进行响应的场景，如精密装配、柔性抓取等，具有精度高、稳定性强等特点，但对传感器的要求比较高。

3）速度控制：关注机器人运动的速度和加速度等参数，以实现高效、平滑的运动，可应用于喷涂、切割等需要连续、稳定速度控制的场景。

4）力/位混合控制：结合了位置控制和力控制的优点，能够实现更复杂的任务和更高的精度要求，适用于需要同时考虑位置和力控制的场景，如精密装配、柔性制造等。

实现对上述工业机器人运动轨迹、速度、力等参数的精确控制，是通过结合不同的控制策略和控制算法来实现的。控制算法可以分为以下几类。

1）PID 控制算法：作为经典的闭环控制算法，PID 控制算法具有稳定性好、简单易用等优点，广泛应用于工业机器人的控制。它通过调节机器人位置、速度和加速度等参数，实现对机器人运动轨迹的精确控制。然而，PID 控制算法在某些非线性系统中的表现相对较差，需要进一步的优化和改进。

2）模糊控制算法：模糊控制算法能够较好地处理由于环境变化、干扰等原因导致的不确定性。它采用模糊逻辑控制方法，可以处理非线性和时变系统，并具有良好的稳定性和鲁棒性。然而，模糊控制算法的建模成本较高，需要大量的实验数据来构建模糊控制器。

3）神经网络控制算法：神经网络控制算法利用神经网络的学习和逼近能力，实现对复杂非线性系统的自适应控制。随着人工智能技术的不断发展，神经网络控制算法在工业机器人中的应用越来越广泛。

4）自抗扰控制：基于模型不确定性、外部扰动和非线性等因素，通过观测器设计和控制器设计两个部分来实现精确控制，能有效抑制外部干扰和系统参数的变化，提高控制精度。

另外，还存在一些其他优秀控制方法，例如基于模型预测的预测控制算法、基于强化学习的控制算法、基于逆向求解各关节运动角度的反向运动学算法、采用模糊逻辑机制的模糊控制算法等。对于这些方法本章将不再一一介绍，留给读者自行学习。

3.1　工业机器人位置控制

3.1.1　位置控制基本原理

位置控制是工业机器人复杂功能实现的前提和基础，它是通过控制机器人的关节运动，使末端执行器能够按照预定的轨迹进行运动，从而到达指定的目标位置。

在位置控制过程中，首先需要根据任务要求规划出机器人末端执行器的运动轨迹。轨迹规划需要综合考虑机器人的机械结构、运动学特性以及任务要求等因素，以确保轨迹的可行性和平滑性。一旦轨迹规划完成，就需要通过传感器实时采集机器人的位置信息。常用的传感器包括编码器、位置传感器等。传感器数据经过处理后可以得到机器人的实际位置和姿态信息。这些信息是后续位置误差计算和控制信号输出的基础。位置误差计算是将机器人的实际位置与期望位置进行比较，得出两者之间的偏差。位置误差是调整机器人运动参数的重要依据，通过计算位置误差，可以判断机器人是否偏离了预定轨迹，并据此调整控制策略。最后，根据位置误差和控制策略，输出相应的控制信号驱动机器人关节运动。工业机器人位置控制框图如图 3-1 所示。

工业机器人的控制结构可以根据其描述和控制系统的方式分为两种主要类型：直角坐标空间控制结构和关节空间控制结构。下面将分别详细解释这两种控制结构。

直角坐标空间控制结构是基于空间直角坐标系（也称为笛卡儿坐标系）来描述和控制系统的方法。在直角坐标空间中，机器人的位置和姿态由 3 个坐标值确定，通常还包括表示方向的角度信息（如旋转角度）。而关节空间控制结构是基于机器人的关节变量来描述和控制系统的方法。在这种结构中，机器人的状态或输出由一组关节角度或位置值表示。

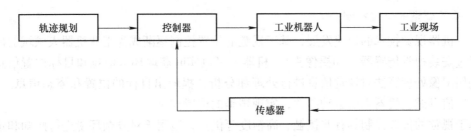

图 3-1 工业机器人位置控制框图

直角坐标空间控制结构具有如下特点。

1）直观性。直角坐标空间与人类的直觉和日常经验高度一致，使得理解和操作变得简单直观。

2）精确性。由于直接描述了机器人在三维空间中的位置，因此能够实现较高的定位精度，通常可达到微米级别（级）。

3）运动规划。在直角坐标空间中规划机器人的运动轨迹相对简单，易于理解和实现。

4）工作空间。直角坐标机器人的工作空间通常为一个空间长方体，结构尺寸较大以实现一定的运动空间。

关节空间控制结构具有如下特点。

1）灵活性。关节空间控制结构允许机器人以灵活的方式在三维空间中移动，因为关节角度的变化可以产生复杂的运动轨迹。

2）计算复杂性。相对于直角坐标空间控制，关节空间控制在计算上可能更复杂，因为需要处理关节间的耦合和协同运动。

3）动态性能。关节空间控制通常更注重机器人的动态性能，如速度、加速度和力控制等。

3.1.2 位置控制实现方式

工业机器人位置控制的实现方式多种多样，以下将介绍几种常用的实现方式。

1. 开环控制

开环控制是一种简单的位置控制方式，它仅根据预设的轨迹和速度控制机器人的运动，不依赖传感器反馈实际位置信息。开环控制适用于对精度要求不高的场景，如简单的搬运、定位等任务。然而，由于无法实时调整机器人的运动状态，因此开环控制的精度和稳定性较差。

2. 闭环控制

闭环控制是工业机器人位置控制中最常用的方式之一。它通过传感器实时采集机器人的位置信息，并与期望位置进行比较，计算出位置误差。然后，根据位置误差调整控制策略，输出相应的控制信号驱动机器人关节运动。闭环控制具有高精度、高稳定性等优点，适用于对精度要求较高的场景，如精密装配、焊接等任务。

在闭环控制中，常用的控制算法包括 PID 控制、模糊控制等。PID 控制通过调整比例、积分和微分项来减小位置误差；模糊控制则根据模糊规则库进行推理和决策，输出合适的控制信号。这些控制算法可以根据具体应用场景进行选择和调整。

3. 基于视觉的位置控制

随着机器视觉技术的快速发展，基于视觉的位置控制逐渐成为工业机器人领域的研究热点。通过安装视觉传感器（如摄像头），机器人可以实时获取环境信息和目标位置信息。然后，利用图像处理算法对视觉信息进行处理和分析，提取出目标的位置和姿态信息。最后，根据这些信息调整机器人的运动参数，实现精确的位置控制。

基于视觉的位置控制具有非接触、高精度等优点，适用于对复杂环境进行感知和定位的场景。然而，视觉传感器的精度和稳定性受光照条件、遮挡物等因素的影响较大，因此在实际应用中需要进行相应的优化和改进。

3.1.3 位置控制优化策略

为了进一步提高工业机器人位置控制的精度和稳定性，可以采取以下优化策略。

1. 轨迹优化

轨迹优化是提升位置控制精度的关键。通过优化轨迹规划算法，可以使机器人的运动轨迹更加平滑、合理，减小不必要的抖动和冲击。例如，可以采用样条曲线、贝塞尔曲线等高级轨迹规划方法，使轨迹更加平滑；同时，可以考虑加入速度、加速度等约束条件，以确保轨迹的可行性和稳定性。

2. 传感器融合

传感器融合是提高位置控制精度的重要手段。通过融合多种传感器数据，可以更加准确地获取机器人的位置和姿态信息。例如，可以将编码器数据与视觉传感器数据进行融合，以提高对机器人位置的感知精度；同时，可以利用 IMU（惯性测量单元）等传感器来获取机器人的姿态信息，进一步提高位置控制的准确性。

3. 控制算法优化

控制算法的优化对于提高位置控制精度和稳定性至关重要。常用的控制算法如 PID 控制、模糊控制等，都有其适用范围和局限性。因此，在实际应用中需要根据具体场景选择合适的控制算法，并进行参数优化和调试。此外，还可以采用先进的控制算法如自适应控制、预测控制等，以提高位置控制的精度和稳定性。

4. 误差补偿

误差补偿是提高位置控制精度的有效手段。在实际应用中，由于各种因素的影响（如机械结构误差、传感器误差等），机器人的实际位置与期望位置之间往往存在一定的偏差。为了减小这种偏差，可以采用误差补偿技术。误差补偿技术通常包括前馈补偿和反馈补偿两种方式。前馈补偿是在控制信号中提前加入一定的补偿量，以抵消误差的影响；反馈补偿则是根据实时测量的误差信号调整控制策略，减小误差。通过合理的误差补偿，可以显著提高工业机器人的位置控制精度。

5. 硬件优化

除了控制算法和传感器的优化，硬件方面的优化同样重要。例如，通过优化机械结构、选用高精度的传动装置和传感器，可以提高机器人本体的运动精度和稳定性。此外，还可以采用高性能的控制系统和驱动器，提高控制信号的响应速度和准确性。这些硬件方面的优化措施，可以为位置控制提供坚实的基础。

6. 动态性能提升

在工业机器人位置控制中，动态性能的提升同样关键。动态性能包括机器人的加速度、速度和位置响应等。为了提升动态性能，可以采用先进的动力学建模和控制方法，如基于模型的控制、非线性控制等。这些方法可以更好地描述机器人的动力学特性，并据此设计更加高效的控制策略。此外，还可以采用先进的驱动技术和执行机构，提高机器人的运动性能和响应速度。

7. 智能学习与自适应控制

随着人工智能技术的发展，智能学习与自适应控制在工业机器人位置控制中得到了广泛应用。通过利用机器学习、深度学习等技术，机器人可以自主学习和优化控制策略，以适应不同的工作环境和任务要求。例如，可以采用强化学习算法，使机器人在实际工作中不断尝试和调整控制策略，以找到最优的控制方案。这种智能学习与自适应控制方法，可以显著提高工业机器人的位置控制性能和适应性。

3.1.4　位置控制案例

工业机器人实现位置控制的基本流程简述如下。

1）设定目标位置。使用示教器或编程软件，手动操作或编程设定工业机器人的目标位置。例如，设定机器人在三维空间中的坐标作为目标点。需要注意的是，设定时需考虑机器人的工作范围、精度要求以及与其他设备的协调关系。

2）路径规划。综合考虑路径的平滑性、时间效率、能量消耗等约束条件，采用插值法或搜索算法等，根据起始点、目标点及可能的中间点规划出一条合适的运动轨迹。

3）运动控制。首先，主控计算机接收目标位置信息，进行运动学、动力学和插补运算，计算出机器人各个关节的协调运动参数。然后，将这些参数输出到伺服控制级计算机，作为给定信号。最后，伺服驱动器接收给定信号，D/A 转换后驱动各个关节产生协调运动。在机器人运动过程中，传感器实时监测机器人各个关节的运动状态，并将这些信息反馈回伺服控制级计算机，形成局部闭环控制，确保机器人在空间的精确运动。

4）反馈调整。在机器人运动过程中，常常需要将传感器反馈的实时位置信息与目标位置进行比较，计算出误差值，控制系统根据误差值调整控制参数，如电动机的输出力矩和速度，使机器人更准确地到达目标位置。此过程不断重复，直至机器人到达目标位置或满足一定的精度要求。

以具有 n 个关节的机械臂模型为例，探讨其位置控制问题。控制框图如图 3-2 所示。

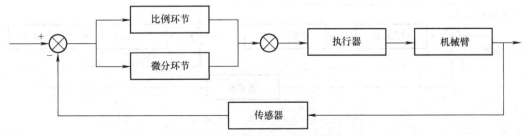

图 3-2　机械臂位置控制框图

设 n 关节机械臂方程为

$$D(q)\ddot{q} + C(q,\dot{q})\dot{q} = \tau \tag{3-1}$$

式中，$D(q)$ 为 $n \times n$ 阶正定惯性矩阵；$C(q,\dot{q})$ 为 $n \times n$ 阶离心和哥氏力项。

以简单的 PD 控制律为例，其表达式为

$$\tau = K_d\dot{e} + K_p e \tag{3-2}$$

取跟踪误差为 $e = q_d - q$，采用定点控制时，q_d 为常值，且 $\dot{q}_d = \ddot{q}_d = 0$。此时，机械臂的误差方程可以被描述为

$$D(q)(\ddot{q}_d - \ddot{q}) + C(q,\dot{q})(\dot{q}_d - \dot{q}) + K_d\dot{e} + K_p e = 0 \tag{3-3}$$

即

$$D(q)\ddot{e} + C(q,\dot{q})\dot{e} + K_d\dot{e} + K_p e = 0 \tag{3-4}$$

选择 Lyapunov 函数为

$$V = \frac{1}{2}\dot{e}^T D(q)\dot{e} + \frac{1}{2}e^T K_p e \tag{3-5}$$

由于 $D(q)$ 和 K_p 是正定矩阵，则

$$\dot{V} = \dot{e}^T D\ddot{e} + \frac{1}{2}\dot{e}^T \dot{D}\dot{e} + \dot{e}^T K_p e \tag{3-6}$$

利用 $\dot{D} - 2C$ 的斜对称性知 $\dot{e}^T \dot{D}\dot{e} = 2\dot{e}^T C\dot{e}$，则

$$\dot{V} = \dot{e}^T D\ddot{e} + \dot{e}^T C\dot{e} + \dot{e}^T K_p e = \dot{e}^T(D\ddot{e} + C\dot{e} + K_p e) = -\dot{e}^T K_d\dot{e} \leqslant 0 \tag{3-7}$$

54

3.2 工业机器人力控制

3.2.1 力控制基本原理

工业机器人力控制的基本原理是通过力传感器实时感知机器人末端执行器与外界环境的接触力，并将该力信号传输给控制系统。控制系统根据预设的力控制算法和策略，计算出应施加在机器人关节上的力矩或力，以调整机器人的运动状态，实现对接触力的精确控制。

在力控制过程中，首先需要对机器人进行力建模。力建模是指根据机器人的机械结构、动力学特性以及工作环境等因素，建立机器人与外界环境交互的力学模型。接下来，需要设计合适的力控制算法。力控制算法是实现力控制目标的核心。常见的力控制算法包括阻抗控制、刚度控制、顺应性控制等。这些算法根据力传感器反馈的实时接触力信息，计算出应施加在机器人关节上的力矩或力，以调整机器人的运动状态，实现对接触力的精确控制。工业机器人力控制框图如图 3-3 所示。

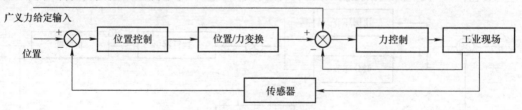

图 3-3 工业机器人力控制框图

3.2.2　力控制实现方式

工业机器人力控制的实现方式多种多样，以下将介绍几种常用的实现方式。

1. 直接力控制

直接力控制是一种基于力传感器反馈信息的实时控制方法。它通过实时采集力传感器数据，计算出机器人末端执行器与外界环境的接触力，并根据预设的力控制算法和策略，直接调整机器人的运动参数（如速度、加速度等），实现对接触力的精确控制。直接力控制具有响应速度快、控制精度高等优点，适用于对接触力要求较高的场景。

2. 阻抗控制

阻抗控制是一种模拟人类肌肉特性的控制方法。它通过在机器人的运动过程中引入阻抗参数（如质量、阻尼和刚度），使机器人在受到外力作用时能够产生类似于人类的柔顺性和顺应性。阻抗控制通过调整阻抗参数来改变机器人的动力学特性，实现对接触力的精确控制。这种控制方法适用于需要机器人具有柔顺性和顺应性的场景，如人机交互、装配等任务。

3. 顺应性控制

顺应性控制是一种基于机器人末端执行器与环境之间相对运动的控制方法。它通过实时监测机器人末端执行器与外界环境的相对运动，计算出所需的顺应性力矩或力，并据此调整机器人的运动参数。顺应性控制能够使机器人在受到外力作用时保持稳定的运动状态，并实现对接触力的精确控制。这种控制方法适用于需要机器人具有稳定运动性能和精确力控制能力的场景，如精密加工、表面处理等任务。

4. 学习控制

随着人工智能技术的发展，学习控制在工业机器人力控制中得到了广泛应用。学习控制通过机器学习、深度学习等技术，使机器人能够自主学习和优化力控制策略。在学习过程中，机器人可以根据历史数据和实时反馈信息，不断调整和优化力控制参数和算法，以提高力控制的精度和稳定性。学习控制具有自适应能力强、鲁棒性好等优点，适用于复杂多变的工作环境。

3.2.3　力控制优化策略

为了进一步提高工业机器人力控制的性能，可以采取以下优化策略。

1. 力传感器优化

力传感器是实现力控制的基础。为了提高力控制的精度和稳定性，需要选用高精度、高可靠性的力传感器，并对其进行合理的安装和校准。此外，还可以采用多传感器融合技术，将多个力传感器的数据进行融合处理，以提高对接触力的感知精度和鲁棒性。

2. 控制算法优化

控制算法是实现力控制目标的关键。为了提高力控制的性能，需要不断优化控制算法。常见的优化方法包括改进控制策略、优化算法参数、引入先进控制理论等。例如，可以采用模糊控制、神经网络控制等智能控制方法，提高控制算法的适应性和鲁棒性；同时，还可以采用自适应控制、预测控制等先进控制理论，提高控制算法的精确度和稳定性。

3. 动力学模型优化

动力学模型是实现力控制的基础之一。为了更准确地描述机器人的动力学特性，需要不断优化动力学模型。优化方法包括改进模型结构、增加模型参数、引入非线性因素等。通过优化动力学模型，可以更准确地预测机器人在不同运动状态下与外界环境的接触力，为后续的力控制算法设计提供更为可靠的基础。

4. 柔顺机构设计

柔顺机构是实现机器人柔顺性和顺应性的关键部件。为了进一步提高工业机器人在人机交互和复杂作业中的柔顺性和顺应性，需要设计更为先进的柔顺机构。柔顺机构的设计应充分考虑机器人的机械结构、工作环境和任务要求等因素，以确保其在实际应用中具有良好的性能表现。

5. 智能学习

智能学习通过机器学习、深度学习等技术，使机器人能够自动学习和识别不同任务下的力控制模式。在学习过程中，机器人会收集大量的力控制数据，包括力传感器反馈的实时接触力信息、机器人的运动状态等。然后，利用这些数据训练机器学习模型，使其能够识别不同任务下的力控制规律，并预测未来可能的力控制需求。

在训练过程中，可以采用监督学习、无监督学习或强化学习等方法。监督学习通过提供带有标签的数据集来训练模型，使其能够准确预测未来的力控制输出；无监督学习则利用无标签的数据集来发现数据中的隐藏结构和模式，为力控制提供有用的信息；强化学习则通过让机器人在实际环境中进行试错学习，不断优化其力控制策略。

6. 自适应控制

自适应控制是一种能够根据环境变化自动调整控制参数和策略的控制方法。在工业机器人力控制中，自适应控制可以实时监测机器人的运动状态和力传感器反馈的实时接触力信息，并根据这些信息自动调整控制参数和策略，以适应环境变化。

自适应控制的核心是自适应算法。自适应算法可以根据实时数据对控制参数进行在线估计和调整，以确保机器人在不同环境下都能保持稳定的力控制性能。常见的自适应算法包括模型参考自适应控制、自校正控制等。这些算法可以根据机器人的动力学模型、工作环境和任务要求等因素，自动调整控制参数和策略，以适应环境的变化。

工业机器人力控制是实现机器人与外界环境安全、高效交互的关键技术。通过深入研究力控制的基本原理、实现方式以及优化策略，可以不断提高工业机器人力控制的性能。在实际应用中，应根据具体场景选择合适的力控制方法和传感器配置，并进行相应的优化和改进。

未来，随着人工智能技术的不断发展，智能学习与自适应控制在工业机器人力控制中将发挥更加重要的作用。通过结合智能学习和自适应控制的方法，可以使机器人在力控制过程中更加智能和灵活，提高力控制的精度和鲁棒性。同时，还需要进一步探索新的力控制技术和方法，以满足日益增长的工业应用需求。

3.2.4　力控制案例

在机械臂的力控制中，通常不直接使用 PD 控制算法来控制力，因为 PD 控制是基于位置和速度误差的，而力控制通常涉及对机械臂与环境之间的交互力进行直接控制。然而，如果考虑在位置控制的基础上通过阻抗控制或导纳控制来模拟期望的力-位置关系，可以将 PD 控制作为内层的位置控制环，而外层则是一个力控制环。

以 3.1.4 节的 n 阶机械臂动力学模型作为被控对象，给出一个简化力控制方程的框架。

1. 内层位置控制环（PD 控制）

$$\boldsymbol{\tau} = \boldsymbol{K}_{p}(\boldsymbol{q}_{\mathrm{desired}} - \boldsymbol{q}) + \boldsymbol{K}_{d}(\dot{\boldsymbol{q}}_{\mathrm{desired}} - \dot{\boldsymbol{q}}) \tag{3-8}$$

2. 外层力控制环

力控制通常基于期望的力-位置关系或阻抗模型来计算位置修正量。这里使用一个简单的阻抗模型作为示例：

$$\Delta \boldsymbol{q}_{\mathrm{force}} = \frac{\boldsymbol{F}_{\mathrm{desired}} - \boldsymbol{F}_{\mathrm{measured}}}{\boldsymbol{K}_{s}} \tag{3-9}$$

式中，$\Delta \boldsymbol{q}_{\mathrm{force}}$ 是基于期望力 $\boldsymbol{F}_{\mathrm{desired}}$ 和测量力 $\boldsymbol{F}_{\mathrm{measured}}$ 的位置修正量；$\boldsymbol{K}_{s}$ 是阻抗模型的刚度系数，决定了力误差对位置修正量的影响。

3. 结合内外层控制环

将力控制环计算出的位置修正量加到位置控制环的期望位置上，得到最终的期望位置：

$$\boldsymbol{q}_{\mathrm{final\_desired}} = \boldsymbol{q}_{\mathrm{desired}} + \Delta \boldsymbol{q}_{\mathrm{force}} \tag{3-10}$$

然后，将这个最终的期望位置 $\boldsymbol{q}_{\mathrm{final\_desired}}$ 代入内层位置控制环的公式中，计算出最终的期望扭矩 $\boldsymbol{\tau}_{\mathrm{final}}$。

请注意，这个框架是一个简化的示例，实际的机械臂力控制系统可能会涉及更复杂的控制策略、动力学模型、传感器融合、滤波和校准等步骤。此外，力控制通常需要对机械臂的交互环境进行建模，以便更准确地预测和控制机械臂与环境之间的力交互。

为了分析系统的稳定性，定义误差变量：

$$\boldsymbol{e} = \boldsymbol{q}_{\mathrm{desired}} - \boldsymbol{q} \tag{3-11}$$

$$\dot{\boldsymbol{e}} = \dot{\boldsymbol{q}}_{\mathrm{desired}} - \dot{\boldsymbol{q}} \tag{3-12}$$

将控制力矩代入动力学方程，得到误差系统的动力学方程：

$$\begin{aligned}
\boldsymbol{D}(\boldsymbol{q})\ddot{\boldsymbol{e}} &+ \boldsymbol{C}(\boldsymbol{q},\dot{\boldsymbol{q}})\dot{\boldsymbol{e}} + \boldsymbol{K}_{d}\boldsymbol{D}(\boldsymbol{q})\dot{V}(\boldsymbol{e},\dot{\boldsymbol{e}}) \\
&= \dot{\boldsymbol{e}}^{\mathrm{T}}\boldsymbol{D}(\boldsymbol{q})\ddot{\boldsymbol{e}} + \frac{1}{2}\dot{\boldsymbol{e}}^{\mathrm{T}}\dot{\boldsymbol{D}}(\boldsymbol{q})\dot{\boldsymbol{e}} + \dot{\boldsymbol{e}}^{\mathrm{T}}\boldsymbol{K}_{p}\boldsymbol{e} + \boldsymbol{K}_{p}\boldsymbol{e} \\
&= \boldsymbol{0}
\end{aligned} \tag{3-13}$$

为了简化分析，假设 $\boldsymbol{D}(\boldsymbol{q})$ 是正定的（即对于所有 $\boldsymbol{q}$），$\boldsymbol{D}(\boldsymbol{q}) > \boldsymbol{0}$，这在许多物理系统中是合理的。

接下来，定义一个 Lyapunov 函数 $V(\boldsymbol{e},\dot{\boldsymbol{e}})$ 为

$$V(\boldsymbol{e},\dot{\boldsymbol{e}}) = \frac{1}{2}\dot{\boldsymbol{e}}^{\mathrm{T}}\boldsymbol{D}(\boldsymbol{q})\dot{\boldsymbol{e}} + \frac{1}{2}\boldsymbol{e}^{\mathrm{T}}\boldsymbol{K}_{p}\boldsymbol{e} \tag{3-14}$$

注意这里使用了向量的形式，因为在实际应用中，$\boldsymbol{q}$、$\dot{\boldsymbol{q}}$、$\boldsymbol{e}$、$\dot{\boldsymbol{e}}$ 可能是多维的。

Lyapunov 函数的导数 $\dot{V}(\boldsymbol{e},\dot{\boldsymbol{e}})$ 可以表示为

$$\dot{V}(\boldsymbol{e},\dot{\boldsymbol{e}}) = \dot{\boldsymbol{e}}^{\mathrm{T}}\boldsymbol{D}(\boldsymbol{q})\ddot{\boldsymbol{e}} + \frac{1}{2}\dot{\boldsymbol{e}}^{\mathrm{T}}\dot{\boldsymbol{D}}(\boldsymbol{q})\dot{\boldsymbol{e}} + \dot{\boldsymbol{e}}^{\mathrm{T}}\boldsymbol{K}_{p}\boldsymbol{e} \tag{3-15}$$

将误差系统的动力学方程代入式（3-15），得到

$$\dot{V}(e,\dot{e}) = -\dot{e}^{\mathrm{T}}C(q,\dot{q})\dot{e} - \dot{e}^{\mathrm{T}}K_{\mathrm{d}}D(q)\dot{e} + \frac{1}{2}\dot{e}^{\mathrm{T}}\dot{D}(q)\dot{e} \tag{3-16}$$

由于 $D(q)$ 是正定的，并且假设 $\dot{D}(q)$ 的影响可以忽略（或者可以被 $K_{\mathrm{d}}D(q)$ 抵消），则

$$\dot{V}(e,\dot{e}) \leqslant -\dot{e}^{\mathrm{T}}K_{\mathrm{d}}D(q)\dot{e} \leqslant 0 \tag{3-17}$$

由于 K_{d} 和 $D(q)$ 都是正定的，因此 $\dot{V}(e,\dot{e})$，即 Lyapunov 函数是半负定的。根据 Lyapunov 稳定性理论，这证明了误差系统（即原系统相对于期望轨迹的误差）是稳定的。因此，原系统也是稳定的。

注：这个分析假设了 $D(q)$ 是正定的，并且 $\dot{D}(q)$ 的影响可以忽略。在实际应用中，这些假设可能需要根据具体的系统来验证或调整。此外，如果系统存在外部干扰或不确定性，可能需要采用更复杂的控制策略来确保系统的稳定性和性能。

3.3 工业机器人速度控制

在工业机器人技术领域中，速度控制是确保机器人高效、精确执行任务的重要环节。工业机器人速度控制旨在通过调整机器人的运动速度，以满足不同工作场景下的需求，同时保证机器人在运动过程中的稳定性和安全性。本小节将深入探讨工业机器人速度控制的基本原理、实现方式以及优化策略。

3.3.1 速度控制基本原理

工业机器人速度控制的基本原理是通过控制机器人各关节电动机的转速或转矩，进而控制机器人末端执行器的运动速度。速度控制的目标是使机器人能够按照预设的速度轨迹进行运动，同时保证运动过程中的稳定性和精确性。

为了实现速度控制，首先需要建立机器人的运动学模型。运动学模型描述了机器人各关节位置与末端执行器位置之间的数学关系。通过运动学模型，可以计算出机器人末端执行器在不同关节位置下的运动速度。然后，根据预设的速度轨迹，控制系统会计算出需要施加在机器人各关节上的电动机转速或转矩，以实现预设的速度轨迹。

在速度控制过程中，还需要考虑机器人的动力学特性。动力学模型描述了机器人各关节之间的力、力矩以及加速度等物理量之间的关系。通过动力学模型，可以预测机器人在不同运动状态下的动力学响应，为速度控制提供更为准确的参考。

3.3.2 速度控制实现方式

工业机器人速度控制的实现方式多种多样，以下将介绍几种常用的实现方式。

1. 位置-速度控制

位置-速度控制是一种基于机器人位置信息的速度控制方式。它首先通过位置传感器（如编码器）获取机器人各关节的实时位置信息，然后根据预设的速度轨迹和当前位置信息，计算出需要施加在机器人各关节上的电动机转速或转矩。位置-速度控制具有响应速度快、控制精度高等优点，适用于对速度控制要求较高的场景。

2. 力矩控制

力矩控制是一种基于机器人动力学特性的速度控制方式。它通过实时监测机器人各关节的力矩信息，计算出需要施加在机器人各关节上的电动机力矩，以实现预设的速度轨迹。力矩控制能够充分考虑机器人的动力学特性，对于具有复杂动力学特性的机器人具有较好的控制效果。然而，力矩控制对传感器精度和控制系统性能要求较高，实现难度较大。

3. 自适应速度控制

自适应速度控制是一种能够根据环境变化自动调整速度控制参数和策略的控制方式。它通过实时监测机器人运动过程中的速度、加速度以及外部环境等信息，自动调整速度控制参数和策略，以适应环境变化。自适应速度控制具有较强的适应性和鲁棒性，能够在复杂多变的环境中保持稳定的控制性能。

4. 基于学习的速度控制

随着人工智能技术的发展，基于学习的速度控制方法逐渐受到关注。这种方法通过机器学习、深度学习等技术，使机器人能够自动学习和优化速度控制策略。在学习过程中，机器人会收集大量的速度控制数据，包括运动轨迹、速度信息、外部环境等。然后，利用这些数据训练机器学习模型，使其能够预测未来可能的运动状态，并据此调整速度控制策略。基于学习的速度控制方法具有自适应能力强、控制精度高等优点，适用于复杂多变的工作环境。

3.3.3 速度控制优化策略

为了进一步提高工业机器人速度控制的性能，可以采取以下优化策略。

1. 优化控制算法

控制算法是实现速度控制目标的关键。为了提高速度控制的精度和稳定性，需要不断优化控制算法。常见的优化方法包括改进控制策略、优化算法参数、引入先进控制理论等。例如，可以采用模糊控制、神经网络控制等智能控制方法，提高控制算法的适应性和鲁棒性；同时，还可以采用自适应控制、预测控制等先进控制理论，提高控制算法的精确度和稳定性。

2. 提高传感器精度

传感器是实现速度控制的基础。为了提高速度控制的精度和稳定性，需要选用高精度、高可靠性的传感器，并对其进行合理的安装和校准。同时，还可以采用多传感器融合技术，将多个传感器的数据进行融合处理，以提高对机器人运动状态的感知精度和鲁棒性。

3. 优化机器人结构

机器人结构对速度控制性能有重要影响。为了提高速度控制的性能，需要优化机器人的结构设计。例如，可以采用轻量化设计，减小机器人的惯性和摩擦力；同时，还可以优化机器人的传动系统和电动机选型，提高机器人的运动性能和响应速度。

4. 引入智能学习与自适应控制

智能学习与自适应控制能够使机器人在速度控制过程中更加智能和灵活。通过引入智能学习和自适应控制方法，机器人可以根据实时反馈的数据和环境变化，自动调整和优化速度控制策略，以适应不同的工作环境和任务需求。这种结合方式可以显著提高机器人的速度控制性能和适应性。

3.3.4　速度控制案例

以 3.1.4 节中的 n 阶机械臂动力学模型为被控对象，以 PD 控制算法作为速度控制系统的控制律。当使用 PD 控制算法对机械臂进行速度控制时，主要关注的是关节的速度以及速度的变化率（即加速度）。PD 控制算法不直接控制位置，而是控制速度，并且利用速度的变化率（加速度）来预测并补偿未来的速度误差。

PD 控制器的方程可以表示为

$$\boldsymbol{\tau} = \boldsymbol{K}_{\mathrm{p}}(\boldsymbol{q}_{\mathrm{desired}} - \boldsymbol{q}) + \boldsymbol{K}_{\mathrm{d}}(\dot{\boldsymbol{q}}_{\mathrm{desired}} - \dot{\boldsymbol{q}}) \tag{3-18}$$

然而，在实际应用中，通常不知道 $\dot{\boldsymbol{q}}_{\mathrm{desired}}$（期望的加速度），因为加速度通常不是直接设定的目标。在这种情况下，可以简化方程，仅使用当前的速度误差和实际的加速度

$$\boldsymbol{\tau} = \boldsymbol{K}_{\mathrm{p}}(\boldsymbol{q}_{\mathrm{desired}} - \boldsymbol{q}) + \boldsymbol{K}_{\mathrm{d}}(-\dot{\boldsymbol{q}}) \tag{3-19}$$

这里的 $-\dot{\boldsymbol{q}}$ 表示对实际速度变化率（加速度）的补偿，它减少了速度误差的增长。

在机械臂控制系统中，由于动力学的影响，直接应用 PD 控制可能不足以实现精确的速度控制。因此，通常会结合前馈项（如重力补偿）来增强 PD 控制器的性能。另外，PD 控制算法也可能需要与其他控制策略（如位置控制或力矩控制）结合使用，以实现更复杂的运动任务。

完整的控制方程可能包括前馈项和其他控制项，如下所示：

$$\boldsymbol{\tau} = \boldsymbol{D}(\boldsymbol{q})\ddot{\boldsymbol{q}}_{\mathrm{desired}} + \boldsymbol{C}(\boldsymbol{q},\dot{\boldsymbol{q}})\dot{\boldsymbol{q}} + \boldsymbol{K}_{\mathrm{p}}(\boldsymbol{q}_{\mathrm{desired}} - \boldsymbol{q}) + \boldsymbol{K}_{\mathrm{d}}(-\dot{\boldsymbol{q}}) \tag{3-20}$$

式中，$\ddot{\boldsymbol{q}}_{\mathrm{desired}}$ 是期望的加速度，这通常通过某种轨迹规划算法得到。但请注意，在实际应用中，可能无法直接控制加速度 $\ddot{\boldsymbol{q}}$，而是通过控制力矩 $\boldsymbol{\tau}$ 来间接影响加速度。因此，上述方程中的 $\ddot{\boldsymbol{q}}_{\mathrm{desired}}$ 和 $\boldsymbol{C}(\boldsymbol{q})\ddot{\boldsymbol{q}}_{\mathrm{desired}}$ 等项通常用于计算前馈力矩，而不是直接作为控制输出。

PD 控制算法用于生成控制力矩 $\boldsymbol{\tau}$，其表达式为

$$\boldsymbol{\tau} = \boldsymbol{K}_{\mathrm{p}}(\boldsymbol{q}_{\mathrm{desired}} - \boldsymbol{q}) + \boldsymbol{K}_{\mathrm{d}}(\dot{\boldsymbol{q}}_{\mathrm{desired}} - \dot{\boldsymbol{q}}) \tag{3-21}$$

式中，$\boldsymbol{K}_{\mathrm{p}}$ 和 $\boldsymbol{K}_{\mathrm{d}}$ 是正的控制增益；$\boldsymbol{q}_{\mathrm{desired}}$ 和 $\dot{\boldsymbol{q}}_{\mathrm{desired}}$ 是期望的位置和速度；$\boldsymbol{q}$ 和 $\dot{\boldsymbol{q}}$ 是当前的实际位置和速度。

将 PD 控制算法代入动力学方程中，得到

$$\boldsymbol{D}(\boldsymbol{q})\boldsymbol{q} + \boldsymbol{C}(\boldsymbol{q},\dot{\boldsymbol{q}})\dot{\boldsymbol{q}} = \boldsymbol{K}_{\mathrm{p}}(\boldsymbol{q}_{\mathrm{desired}} - \boldsymbol{q}) + \boldsymbol{K}_{\mathrm{d}}(\dot{\boldsymbol{q}}_{\mathrm{desired}} - \dot{\boldsymbol{q}}) \tag{3-22}$$

将误差变量代入动力学方程，得到误差系统的动力学方程：

$$\boldsymbol{D}(\boldsymbol{q})\ddot{\boldsymbol{e}} + \boldsymbol{C}(\boldsymbol{q},\dot{\boldsymbol{q}})\dot{\boldsymbol{e}} + \boldsymbol{K}_{\mathrm{d}}\dot{\boldsymbol{e}} + \boldsymbol{K}_{\mathrm{p}}\boldsymbol{e} = 0 \tag{3-23}$$

为了使用 Lyapunov 稳定性理论，定义一个 Lyapunov 函数 $V(\boldsymbol{e},\dot{\boldsymbol{e}})$ 为

$$V(\boldsymbol{e},\dot{\boldsymbol{e}}) = \frac{1}{2}\boldsymbol{D}(\boldsymbol{q})\dot{\boldsymbol{e}}^2 + \frac{1}{2}\boldsymbol{K}_{\mathrm{p}}\boldsymbol{e}^2 \tag{3-24}$$

计算 Lyapunov 函数的导数 $\dot{V}(\boldsymbol{e},\dot{\boldsymbol{e}})$：

$$\dot{V}(\boldsymbol{e},\dot{\boldsymbol{e}}) = \boldsymbol{D}(\boldsymbol{q})\dot{\boldsymbol{e}}\ddot{\boldsymbol{e}} + \boldsymbol{K}_{\mathrm{p}}\boldsymbol{e}\dot{\boldsymbol{e}} \tag{3-25}$$

将误差系统的动力学方程代入式（3-25），得到

$$\dot{V}(\boldsymbol{e},\dot{\boldsymbol{e}}) = \boldsymbol{D}(\boldsymbol{q})\dot{\boldsymbol{e}}\left(-\frac{\boldsymbol{C}(\boldsymbol{q},\dot{\boldsymbol{q}})}{\boldsymbol{D}(\boldsymbol{q})}\dot{\boldsymbol{e}} - \frac{\boldsymbol{K}_{\mathrm{d}}}{\boldsymbol{D}(\boldsymbol{q})}\dot{\boldsymbol{e}} - \frac{\boldsymbol{K}_{\mathrm{p}}}{\boldsymbol{D}(\boldsymbol{q})}\boldsymbol{e}\right) + \boldsymbol{K}_{\mathrm{p}}\boldsymbol{e}\dot{\boldsymbol{e}} \tag{3-26}$$

化简得

$$\dot{V}(e,\dot{e}) = -C(q,\dot{q})\dot{e}^2 - K_{\mathrm{d}}\dot{e}^2 = -(C(q,\dot{q}) + K_{\mathrm{d}})\dot{e}^2 \tag{3-27}$$

由于 $C(q,\dot{q})$ 和 K_{d} 都是正数，因此 $\dot{V}(e,\dot{e}) \leqslant 0$ ，即 Lyapunov 函数是半负定的。根据 Lyapunov 稳定性理论，这证明了误差系统（即原系统相对于期望轨迹的误差）是稳定的。因此，原系统也是稳定的。

注：稳定性分析没有考虑外部干扰和模型不确定性。在实际应用中，这些因素可能需要被考虑，并可能需要采用更复杂的控制策略来确保系统的稳定性和性能。

3.4 工业机器人力/位混合控制

在工业机器人技术中，力/位混合控制是一种结合了力控制和位置控制的方法，旨在实现机器人在复杂环境中与物体进行高精度、安全、稳定的交互。力/位混合控制不仅要求机器人能够准确到达目标位置，还需要机器人能够在与环境接触时，根据接触力的大小和方向进行实时的力调整，以保证操作过程的稳定性和安全性。本节将深入探讨工业机器人力/位混合控制的基本原理、实现方法以及应用前景。

3.4.1 力/位混合控制基本原理

工业机器人力/位混合控制的基本原理是，在机器人末端执行器与工作环境接触时，通过同时控制机器人的位置和接触力，以实现高精度的操作任务。具体来说，力/位混合控制将机器人的操作空间分解为力控制空间和位置控制空间两个正交子空间，分别在这两个子空间中进行力控制和位置控制。

在力控制子空间中，机器人根据末端执行器与环境的接触力信息，通过调整机器人的关节力矩或关节速度，实现对接触力的控制。这种控制方式能够确保机器人在与环境接触时，不会因为过大的接触力而损坏物体或机器人本身。在位置控制子空间中，机器人根据预设的目标位置和当前位置信息，通过调整机器人的关节位置或关节速度，实现对目标位置的准确跟踪。这种控制方式能够确保机器人在没有与环境接触时，能够按照预设的轨迹进行运动。工业机器人力/位混合控制框图如图 3-4 所示。

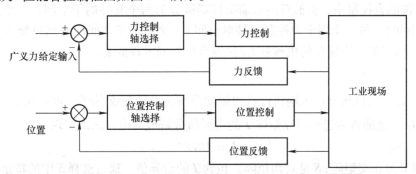

图 3-4 工业机器人力/位混合控制框图

通过同时控制力控制子空间和位置控制子空间，工业机器人力/位混合控制能够在保证操作精度的同时，实现机器人与环境的稳定交互。

3.4.2　力/位混合控制实现方式

工业机器人力/位混合控制的实现方法主要包括以下几个步骤。

1. 操作空间分解

首先，需要将机器人的操作空间分解为力控制空间和位置控制空间两个正交子空间。这通常需要根据具体的任务需求和机器人的结构特点进行。在分解过程中，需要确保两个子空间之间的正交性，以避免控制过程中的相互干扰。

2. 力感知与测量

为了实现力控制，需要实时感知和测量机器人末端执行器与环境的接触力。这通常通过安装在机器人末端执行器上的力传感器来实现。力传感器能够实时测量接触力的大小和方向，为力控制提供准确的输入信息。

3. 力控制算法设计

在力控制子空间中，需要设计合适的力控制算法。常见的力控制算法包括阻抗控制、刚度控制、阻尼控制等。这些算法能够根据接触力的大小和方向，计算出需要施加在机器人关节上的力矩或速度，以实现对接触力的控制。

4. 位置控制算法设计

在位置控制子空间中，需要设计合适的位置控制算法。常见的位置控制算法包括 PID 控制、模糊控制、神经网络控制等。这些算法能够根据预设的目标位置和当前位置信息，计算出需要施加在机器人关节上的位置或速度指令，以实现对目标位置的准确跟踪。

5. 控制策略集成

最后，需要将力控制算法和位置控制算法进行集成，形成完整的力/位混合控制策略。在控制策略中，需要根据机器人的运动状态和环境信息，实时调整力控制和位置控制的权重和参数，以确保机器人在不同情况下都能够实现稳定、安全的操作。

3.4.3　力/位混合控制案例

在力/位混合控制中，机械臂的末端执行器被分为两个互补的子空间：一个用于位置控制（自由空间），另一个用于力控制（接触空间）。这两个子空间通常通过雅可比矩阵的分解来定义。以下是一个简化的机械臂力/位混合控制的方程框架。

1. 雅可比矩阵分解

首先，需要将机械臂的末端执行器的运动分解为两个正交的子空间：位置子空间 J_p 和力子空间 J_f。这通常通过雅可比矩阵 J 的奇异值分解或其他方法来实现。

$$J = USV^* \tag{3-28}$$

式中，U 和 V 是正交矩阵；S 是对角矩阵，包含 J 的奇异值。通过选择 S 中的特定元素，可以构造出 J_p 和 J_f。

2. 位置控制（PD 控制）

在位置子空间中，使用 PD 控制算法来计算期望的速度 $\dot{x}_p$ 或加速度 $\ddot{x}_p$，即

$$\dot{\boldsymbol{x}}_{\mathrm{p}} = \boldsymbol{J}_{\mathrm{p}}^{+}(\dot{\boldsymbol{x}}_{\mathrm{desired}} - \dot{\boldsymbol{x}}) + \boldsymbol{K}_{\mathrm{p}}(\boldsymbol{x}_{\mathrm{desired}} - \boldsymbol{x}) + \boldsymbol{K}_{\mathrm{d}}(\dot{\boldsymbol{x}}_{\mathrm{desired}} - \dot{\boldsymbol{x}}) \tag{3-29}$$

式中，$\boldsymbol{J}_{\mathrm{p}}^{+}$ 是 $\boldsymbol{J}_{\mathrm{p}}$ 的伪逆；$\boldsymbol{x}_{\mathrm{desired}}$ 和 $\dot{\boldsymbol{x}}_{\mathrm{desired}}$ 是期望的位置和速度；$\boldsymbol{x}$ 和 $\dot{\boldsymbol{x}}$ 是当前的实际位置和速度；$\boldsymbol{K}_{\mathrm{p}}$ 和 $\boldsymbol{K}_{\mathrm{d}}$ 是 PD 控制器的增益。

3. 力控制

在力子空间中，可以直接控制期望的力 $\boldsymbol{F}_{\mathrm{desired}}$，这通常通过阻抗控制或导纳控制来实现，在这里简化为直接设置期望的力：

$$\boldsymbol{F}_{\mathrm{desired}} = 根据任务设定的期望力 \tag{3-30}$$

然后，计算力误差 $\boldsymbol{F}_{\mathrm{error}} = \boldsymbol{F}_{\mathrm{desired}} - \boldsymbol{F}_{\mathrm{measured}}$，其中 $\boldsymbol{F}_{\mathrm{measured}}$ 是通过力传感器测量的实际力。

4. 力/位混合控制

最后，将位置控制和力控制结合起来，得到机械臂的期望加速度 $\ddot{\boldsymbol{x}}$。这通常通过以下方式实现：

$$\ddot{\boldsymbol{x}} = \boldsymbol{J}_{\mathrm{p}}^{+}\ddot{\boldsymbol{x}}_{\mathrm{p}} + \boldsymbol{J}_{\mathrm{f}}^{+}\boldsymbol{\lambda}\boldsymbol{F}_{\mathrm{error}} \tag{3-31}$$

式中，$\boldsymbol{J}_{\mathrm{f}}^{+}$ 是 $\boldsymbol{J}_{\mathrm{f}}$ 的伪逆；$\boldsymbol{\lambda}$ 是一个正定对角矩阵，用于调整力控制对加速度的影响。

最后，根据机械臂的动力学模型，可以将期望的加速度转换为期望的转矩 $\boldsymbol{\tau}$，并用于控制机械臂的电动机。

为了对力/位混合控制进行 Lyapunov 稳定性分析，需要定义一个 Lyapunov 函数，并证明该函数在控制律的作用下是递减的。由于力/位混合控制涉及两个正交的子空间（位置子空间和力子空间），因此需要分别在这两个子空间上进行稳定性分析。

首先，定义一个 Lyapunov 函数，该函数应该包含位置误差和力误差的信息。由于位置子空间和力子空间是正交的，可以分别定义两个 Lyapunov 函数：对于位置子空间，定义 Lyapunov 函数 $V_{\mathrm{p}}(\boldsymbol{e}_{\mathrm{p}}) = \dfrac{1}{2}\boldsymbol{e}_{\mathrm{p}}^{\mathrm{T}}\boldsymbol{e}_{\mathrm{p}}$，其中 $\boldsymbol{e}_{\mathrm{p}} = \boldsymbol{q}_{\mathrm{desired}} - \boldsymbol{q}$ 是位置误差；对于力子空间，定义 Lyapunov 函数 $V_{\mathrm{f}}(\boldsymbol{e}_{\mathrm{f}}) = \dfrac{1}{2}\boldsymbol{e}_{\mathrm{f}}^{\mathrm{T}}\boldsymbol{e}_{\mathrm{f}}$，其中 $\boldsymbol{e}_{\mathrm{f}} = \boldsymbol{F}_{\mathrm{desired}} - \boldsymbol{F}_{\mathrm{measured}}$ 是力误差。

对于位置子空间，对 $V_{\mathrm{p}}(\boldsymbol{e}_{\mathrm{p}})$ 求导，得到

$$\dot{V}_{\mathrm{p}}(\boldsymbol{e}_{\mathrm{p}}) = \boldsymbol{e}_{\mathrm{p}}^{\mathrm{T}}\dot{\boldsymbol{e}}_{\mathrm{p}} = \boldsymbol{e}_{\mathrm{p}}^{\mathrm{T}}(\dot{\boldsymbol{q}}_{\mathrm{desired}} - \dot{\boldsymbol{q}}) \tag{3-32}$$

将 PD 控制律代入式（3-32），得到

$$\dot{V}_{\mathrm{p}}(\boldsymbol{e}_{\mathrm{p}}) = \boldsymbol{e}_{\mathrm{p}}^{\mathrm{T}}(K_{\mathrm{p}}\boldsymbol{e}_{\mathrm{p}} + K_{\mathrm{d}}\dot{\boldsymbol{e}}_{\mathrm{p}}) - \boldsymbol{e}_{\mathrm{p}}^{\mathrm{T}}\dot{\boldsymbol{q}} \tag{3-33}$$

由于 $\dot{\boldsymbol{q}}$ 是由机械臂动力学决定的，因此无法直接控制它。但是，如果假设机械臂是稳定的（即 $\dot{\boldsymbol{q}}$ 是有界的），并且 $\boldsymbol{K}_{\mathrm{p}}$ 和 $\boldsymbol{K}_{\mathrm{d}}$ 选择得当，那么 $\dot{V}_{\mathrm{p}}(\boldsymbol{e}_{\mathrm{p}})$ 将是负的，从而位置误差 $\boldsymbol{e}_{\mathrm{p}}$ 将逐渐减小。

对于力子空间，对 $V_{\mathrm{f}}(\boldsymbol{e}_{\mathrm{f}})$ 求导，得到

$$\dot{V}_{\mathrm{f}}(\boldsymbol{e}_{\mathrm{f}}) = \boldsymbol{e}_{\mathrm{f}}^{\mathrm{T}}\dot{\boldsymbol{e}}_{\mathrm{f}} \tag{3-34}$$

由于 $\dot{\boldsymbol{e}}_{\mathrm{f}} = \dot{\boldsymbol{F}}_{\mathrm{desired}} - \dot{\boldsymbol{F}}_{\mathrm{measured}}$，并且假设 $\dot{\boldsymbol{F}}_{\mathrm{desired}}$ 是由控制律决定的，而 $\dot{\boldsymbol{F}}_{\mathrm{measured}}$ 是由环境和机械臂的交互决定的，如果环境是刚性的（即 $\dot{\boldsymbol{F}}_{\mathrm{measured}}$），并且 $\boldsymbol{K}_{\mathrm{s}}$ 选择得当，那么 $\dot{V}_{\mathrm{f}}(\boldsymbol{e}_{\mathrm{f}})$ 将是负的，从而力误差 $\boldsymbol{e}_{\mathrm{f}}$ 将逐渐减小。

由于位置子空间和力子空间是正交的，因此可以将两个 Lyapunov 函数的导数相加，得到整个系统的 Lyapunov 函数的导数：

$$\dot{V}(e_p, e_f) = \dot{V}_p(e_p) + \dot{V}_f(e_f) \tag{3-35}$$

如果 $\dot{V}(e_p, e_f)$ 是负的，那么整个系统将是稳定的。这要求位置子空间和力子空间都是稳定的，即 K_p、K_d、和 K_s 需要选择得当，并且环境和机械臂的交互满足一定的条件（如有界性）。

通过定义适当的 Lyapunov 函数，并对位置子空间和力子空间分别进行稳定性分析，可以证明力/位混合控制是稳定的。然而，需要注意的是，这个分析是基于一些假设和简化的，实际应用中可能还需要考虑更多的因素，如机械臂的动力学模型、环境的不确定性、传感器的噪声等。

3.5　工业机器人控制算法

在工业机器人控制系统中，常见的控制算法包括 PID 控制、自抗扰控制和神经网络控制等。这 3 种控制方法各有特点，可以满足不同的控制需求。在本节中，将通过实际的机械臂控制实验，进一步验证这 3 种控制算法在工业机器人应用中的性能。读者可以通过实验操作，加深对这些控制方法的理解和掌握。

3.5.1　PID 控制

PID 是比例（Proportional）、积分（Integral）和微分（Derivative）的缩写。PID 控制是一种经典的反馈控制算法，可以实现对机械臂关节位置、速度等参数的精确控制。通过调节比例、积分和微分 3 个参数，可以灵活地满足系统的稳定性、响应速度和抗干扰能力等要求。PID 控制相对简单易实现，在工业应用中广泛使用。

1. 比例控制（P）

比例控制是 PID 控制的基础部分，它根据当前误差值来调整控制输出。误差是指目标值（设定值）与实际输出之间的差异。比例控制的输出与误差成正比，比例系数 K_p 是其比例常数。比例控制的数学表达式如下：

$$u(t) = K_p e(t) \tag{3-36}$$

式中，$u(t)$ 是控制输出；$e(t)$ 是当前误差；K_p 是比例增益。

比例控制的优缺点如下。

（1）优点

1）响应速度快。比例控制的反应速度非常快，能够迅速对误差作出反应，调整系统输出。这是因为比例控制器直接根据当前误差计算控制信号，没有复杂的积分或微分运算。

2）实现简单。比例控制的实现原理简单，仅需要一个比例系数 K_p。在硬件和软件上实现比例控制都相对容易，且调试过程也比较直观。

3）适用于多种系统。比例控制适用于许多线性系统和一些非线性系统，特别是在稳态误差要求不高或允许的情况下。它在许多实际应用中表现良好，例如简单的温度控制、液位控制等。

4）稳定性好。对于许多系统，适当选择比例系数 K_p 可以保证系统的基本稳定性。比例控制器在某些情况下可以提供足够的阻尼，防止系统发生过度振荡。

（2）缺点

1）无法消除稳态误差。比例控制无法完全消除稳态误差。当系统达到稳态时，比例控制的控制信号与误差成正比，因此在没有其他修正措施的情况下，总会存在一个非零的误差。

2）可能引起振荡。如果比例系数 K_p 过大，系统可能会产生振荡或不稳定。这是因为过大的 K_p 会导致系统对误差的反应过度，从而引起振荡。

3）对负载变化敏感。比例控制对系统负载变化比较敏感。当负载发生变化时，系统可能会出现较大的稳态误差，无法自动调整控制信号来适应新的负载情况。

4）控制性能有限。由于仅依赖当前误差进行控制，比例控制器的控制性能相对有限，难以满足一些高精度、高性能控制的需求。在动态响应和稳态精度方面，比例控制都存在一定的局限性。

2. 积分控制（I）

积分控制通过对误差随时间的积分来调整控制输出。积分部分可以消除稳态误差，使系统达到设定值。积分控制的输出与误差的积分成正比，积分系数 K_i 是其比例常数。积分控制的数学表达式如下：

$$u(t) \, = \, K_i \int_0^t e(\tau)\mathrm{d}\tau \tag{3-37}$$

式中，K_i 是积分增益。

积分控制的优缺点如下。

（1）优点

1）消除稳态误差。积分控制最大的优点是能够消除稳态误差。在比例控制中，系统在达到稳态时通常会有一个非零的误差。而积分控制通过累积误差，将控制信号不断调整，直至误差消除。

2）提高系统的精度。由于积分控制可以消除稳态误差，系统的控制精度得到显著提高。在许多精密控制应用中，积分控制是必不可少的部分。

3）补偿负载变化。积分控制可以自动调整控制信号以补偿负载变化。当系统的负载发生变化时，积分控制会通过累积新的误差来调整输出，从而保持系统的稳定性和精度。

（2）缺点

1）反应速度慢。积分控制对误差的累积需要时间，因此其反应速度相对较慢。在快速变化的系统中，单独依赖积分控制可能无法及时调整控制信号。

2）可能引起过冲和振荡。积分控制器在消除稳态误差时，可能会引起系统的过冲和振荡。这是由于积分部分对误差的累积效应会导致控制信号过大，从而使系统出现过冲和振荡。

3）抗干扰能力差。积分控制对误差的累积使其对噪声和干扰比较敏感。当系统存在较大噪声时，积分控制可能会累积这些噪声，导致控制信号波动，从而影响系统的稳定性。

4）积分饱和问题。积分控制容易出现积分饱和问题，即在较长时间的误差累积过程中，控制信号可能会超过系统允许的最大值或最小值，导致控制器失效。为防止积分饱和，通常需要引入反积分饱和措施。

3. 微分控制 (D)

微分控制通过对误差随时间的变化率进行调整。微分部分可以预测误差的变化趋势，从而提前进行调整。微分控制的输出与误差的微分成正比，微分系数 K_d 是其比例常数。微分控制的数学表达式如下：

$$u(t) = K_d \frac{de(t)}{dt} \tag{3-38}$$

式中，K_d 是微分增益。

微分控制的优缺点如下。

（1）优点

1）改善系统的动态响应。微分控制器可以通过预测误差的变化趋势来提前调整控制输出，从而改善系统的动态响应。这有助于减少系统的响应时间，提高系统的稳定性。

2）减少超调量。由于微分控制器能够对误差的变化率作出反应，因此它可以有效地减小系统的超调量，这样可以避免系统在达到设定值时出现过度的波动。

3）提高系统稳定性。微分控制器对误差变化率的反应能够抑制快速变化的误差，从而提高系统的稳定性。这对于那些响应较快的系统尤为重要。

4）平滑控制输出。微分控制器通过对误差变化率的平滑作用，可以减少控制信号的剧烈波动，从而使控制输出更加平稳。

（2）缺点

1）对噪声敏感。微分控制器对误差的变化率进行计算，这使得它对噪声非常敏感。高频噪声会导致微分控制器输出剧烈波动，从而影响系统稳定性。

2）可能引入不稳定性。如果微分系数 K_d 选择不当，微分控制器可能会引入不稳定性，特别是在存在高频噪声或系统模型不精确的情况下。

3）实现复杂。微分控制器的实现相对复杂，需要计算误差的变化率。在离散系统中，这通常需要近似计算，可能会引入计算误差和延迟。

4）对系统模型依赖较大。微分控制器的性能依赖于系统模型的准确性。对于复杂或非线性系统，准确获得误差变化率较为困难，影响控制器的性能。

4. PID 控制

PID 控制器结合了比例、积分和微分 3 部分的优势，综合调节系统的控制输出。PID 控制器的数学表达式如下：

$$u(t) = K_p e(t) + K_i \int_0^t e(\tau)d\tau + K_d \frac{de(t)}{dt} \tag{3-39}$$

PID 控制器的性能高度依赖于比例系数（K_p）、积分系数（K_i）和微分系数（K_d）3 个参数的正确选择。常见的参数调节方法包括以下几种。

（1）试凑法（Ziegler-Nichols 方法） Ziegler-Nichols 方法是最常用的参数调节方法之一，有两种主要的调节方式：反应曲线法和临界比例法。

反应曲线法的调节步骤如下。

1）将 K_i 和 K_d 设置为零。

2）增加 K_p 直到系统开始出现持续振荡（临界振荡点）。

3) 记录此时的临界比例增益 K_u 和振荡周期 T_u。

4) 根据表 3-1 设置 PID 参数。

表 3-1 反应曲线法 PID 参数设置

控制类型	K_p	K_i	K_d
P	$0.5K_u$		
PI	$0.45K_u$	$1.2K_u/T_u$	
PID	$0.6K_u$	$2K_u/T_u$	$0.125K_uT_u$

临界比例法的调节步骤如下。

1) 将 K_i 和 K_d 设置为零。

2) 增加 K_p 直到系统开始出现持续振荡（临界振荡点）。

3) 记录此时的临界比例增益 K_u 和振荡周期 T_u。

4) 根据表 3-2 设置 PID 参数。

表 3-2 临界比例法 PID 参数设置

控制类型	K_p	K_i	K_d
P	$0.5K_u$	—	—
PI	$0.45K_u$	$1.2K_u/T_u$	—
PID	$0.6K_u$	$2K_u/T_u$	$0.5K_uT_u$

（2）Cohen-Coon 方法（适用于具有明显时滞的系统） 调节步骤如下。

1) 施加阶跃输入，记录系统的响应曲线。

2) 估计系统的时间常数 T、时滞时间 L 和稳态增益 K。

3) 根据表 3-3 所示的公式计算 PID 参数。

表 3-3 Cohen-Coon 方法 PID 参数设置

控制类型	K_p	K_i	K_d
P	$1/[K(1+L/T)]$	—	—
PI	$1/[K(0.9+L/T)]$	$L/(0.3T+0.35L)$	—
PID	$1/[K(1.35+L/T)]$	$L/(0.54T+0.2L)$	$0.5L/(0.54T+0.2L)$

（3）Lambda 调节方法 Lambda 调节方法主要用于设定系统的闭环时间常数 λ，从而调整 PID 参数。其调节步骤如下。

1) 选择一个闭环时间常数 λ。

2) 根据表 3-4 所示的公式计算 PID 参数。

表 3-4 Lambda 调节方法 PID 参数设置

控制类型	K_p	K_i	K_d
P	$T/[K(\lambda+L)]$	—	—
PI	$T/[K(\lambda+L)]$	$T/[\lambda(\lambda+L)]$	—
PID	$T/[K(\lambda+L)]$	$T/[\lambda(\lambda+L)]$	$\lambda/(\lambda+L)$

（4）自动调节方法　自动调节方法利用自整定 PID 控制器，通过算法自动调整参数，适应不同的系统动态特性。这种方法常用于复杂或非线性系统，具体实现方式包括：

1）增量法：通过不断调整 K_p、K_i 和 K_d 参数，观察系统响应，逐步优化参数。

2）利用遗传算法优化 PID 参数，通过模拟进化过程找到最优参数组合。

3）利用模糊逻辑控制器，根据系统响应动态调整 PID 参数。

（5）手动调节方法　调节步骤如下。

1）将 K_i 和 K_d 设置为零，逐步增加 K_p 直至系统响应快速且不过度振荡。

2）增加 K_i 以消除稳态误差，同时保持系统稳定。

3）调整 K_d 以改善系统动态响应，减少超调和振荡。

5. 算例

以一个 n 关节机械臂模型为例，用 PID 对其进行控制。

控制系统流程框图如图 3-5 所示。

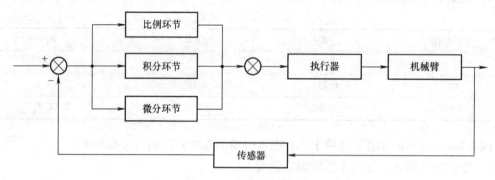

图 3-5　控制系统流程框图

n 关节机械臂的动力学方程可以用以下形式表示：

$$M(q)\ddot{q} + C(q,\dot{q})\dot{q} + G(q) = \tau \tag{3-40}$$

式中，$q \in \mathbb{R}^n$ 是关节角度向量；$\dot{q} \in \mathbb{R}^n$ 是关节角速度向量；$\ddot{q} \in \mathbb{R}^n$ 是关节角加速度向量；$M(q) \in \mathbb{R}^{n \times n}$ 是惯性矩阵；$C(q,\dot{q}) \in \mathbb{R}^{n \times n}$ 是科氏力和离心力矩阵；$G(q) \in \mathbb{R}^n$ 是重力矩阵；$\tau \in \mathbb{R}^n$ 是关节力矩向量。

PID 控制器的目标是使关节角度 q 跟踪期望轨迹 q_d。控制误差定义为

$$e = q_d - q \tag{3-41}$$

PID 控制律的表达式为

$$\tau = K_p e + K_i \int e \mathrm{d}t + K_d \dot{e} \tag{3-42}$$

式中，$K_p \in \mathbb{R}^{n \times n}$ 是比例增益矩阵；$K_i \in \mathbb{R}^{n \times n}$ 是积分增益矩阵；$K_d \in \mathbb{R}^{n \times n}$ 是微分增益矩阵。

将 PID 控制律代入机械臂动力学方程：

$$M(q)\ddot{q} + C(q,\dot{q})\dot{q} + G(q) = K_p e + K_i \int e \mathrm{d}t + K_d \dot{e} \tag{3-43}$$

记 $\ddot{q}_d$ 为期望加速度，$\dot{q}_d$ 为期望速度，则误差导数和加速度为

$$\dot{e} = \dot{q}_d - \dot{q} \tag{3-44}$$

$$\ddot{e} = \ddot{q}_d - \ddot{q} \tag{3-45}$$

代入动力学方程并简化，得到闭环误差动态方程：

$$M(q)\ddot{e} + C(q,\dot{q})\dot{e} + G(q) - K_p e - K_i \int e\mathrm{d}t - K_d \dot{e} = 0 \tag{3-46}$$

为了分析系统的稳定性，采用李雅普诺夫方法。定义李雅普诺夫函数：

$$V(e,\dot{e}) = \frac{1}{2} e^T K_p e + \frac{1}{2} \dot{e}^T M(q)\dot{e} + \frac{1}{2}\left(\int e\mathrm{d}t\right)^T K_i\left(\int e\mathrm{d}t\right) \tag{3-47}$$

计算 Lyapunov 函数的时间导数：

$$\dot{V}(e,\dot{e}) = e^T K_p \dot{e} + \dot{e}^T M(q)\ddot{e} + \left(\int e\mathrm{d}t\right)^T K_i e \tag{3-48}$$

利用闭环误差动态方程中的 $\ddot{e}$ 表达式，将其代入得到

$$M(q)\ddot{e} = - C(q,\dot{q})\dot{e} - G(q) + K_p e + K_i \int e\mathrm{d}t + K_d \dot{e} \tag{3-49}$$

因此

$$\dot{V}(e,\dot{e}) = e^T K_p(\dot{q}_d - \dot{q}) + \dot{e}^T\left[- C(q,\dot{q})\dot{e} - G(q) + K_p e + K_i \int e\mathrm{d}t + K_d \dot{e}\right] + \left(\int e\mathrm{d}t\right)^T K_i e \tag{3-50}$$

简化后得

$$\dot{V}(e,\dot{e}) = - \dot{e}^T C(q,\dot{q})\dot{e} - \dot{e}^T G(q) + \dot{e}^T K_p e + \dot{e}^T K_i \int e\mathrm{d}t + $$
$$\dot{e}^T K_d \dot{e} + e^T K_p(\dot{q}_d - \dot{q}) + \left(\int e\mathrm{d}t\right)^T K_i e \tag{3-51}$$

注意到 $- \dot{e}^T G(q) + e^T K_p(\dot{q}_d - \dot{q}) = 0$，有

$$\dot{V}(e,\dot{e}) = - \dot{e}^T C(q,\dot{q})\dot{e} + \dot{e}^T K_d \dot{e} + e^T K_p(\dot{q}_d - \dot{q}) + \left(\int e\mathrm{d}t\right)^T K_i e \tag{3-52}$$

由于 $C(q,\dot{q})$ 是反对称矩阵，故 $\dot{e}^T C(q,\dot{q})\dot{e} = 0$，因此

$$\dot{V}(e,\dot{e}) = \dot{e}^T K_d \dot{e} + e^T K_p(\dot{q}_d - \dot{q}) + \left(\int e\mathrm{d}t\right)^T K_i e \tag{3-53}$$

当 K_p、K_i、K_d 为正定矩阵时，式（3-53）中每一项都是非负的，从而 $\dot{V}(e,\dot{e}) \leqslant 0$。根据李雅普诺夫稳定性定理，系统是渐近稳定的。

3.5.2　自抗扰控制

自抗扰控制（ADRC）是一种创新性的控制策略，与传统的控制方法相比，自抗扰控制不依赖于精确的数学模型，且能有效处理系统内外的不确定性和扰动，因此在工业自动化、机器人控制等领域具有广泛的应用前景。

1. 自抗扰控制的基本原理

自抗扰控制通过实时观测系统的状态变化，利用扩张状态观测器估计系统内外扰动的总体作用量，并以反馈的形式进行补偿，从而提高系统的鲁棒性和稳定性。同时，自抗扰控制不依赖于被控对象的精确模型，具有较强的适应性和灵活性。在实际应用中，需要根据被控对象的特性和控制要求，合理设计自抗扰控制的参数，以实现对系统的精确控制。

自抗扰控制的基本原理主要包括 3 个核心组成部分：跟踪微分器（TD）、扩张状态观测器（ESO）和非线性状态误差反馈控制率（NLSEF）。下面将分别介绍这 3 个部分的基本

原理。

（1）跟踪微分器（TD）　跟踪微分器是自抗扰控制中的第一个环节，它的主要作用是根据被控对象的输入信号，提取所需的微分信号，并为输入信号安排一个过渡过程。这样做的好处是可以避免输入信号的突变对系统造成过大的冲击，从而减小系统的超调和振荡。

跟踪微分器的数学模型可以表示为

$$\begin{cases} \dot{v}_1 = v_2 \\ \dot{v}_2 = \mathrm{fhan}(v_1 - v(t), v_2, r, h) \end{cases} \tag{3-54}$$

式中，v_1 是跟踪信号；v_2 是其微分信号；$v(t)$ 是输入信号；r 是速度因子；h 是滤波因子；fhan 是一个非线性函数，用于实现快速无超调的跟踪。通过调整 r 和 h 的值，可以改变跟踪微分器的性能。

（2）扩张状态观测器（ESO）　扩张状态观测器是自抗扰控制中的核心部分，它的主要作用是通过实时观测系统的状态变化，估计系统内外扰动的总体作用量。扩张状态观测器将系统的状态变量和扰动量同时作为观测对象，通过设计合适的观测器增益和反馈机制，实现对系统状态和扰动量的准确估计。

扩张状态观测器的数学模型可以表示为

$$\begin{cases} \dot{z}_1 = z_2 - \beta_1(z_1 - y) \\ \dot{z}_2 = z_3 - \beta_2 \mathrm{fal}(e_1, \alpha_1, \delta) + bu \\ \dot{z}_3 = -\beta_3 \mathrm{fal}(e_1, \alpha_2, \delta) \end{cases} \tag{3-55}$$

式中，z_1、z_2、z_3 分别是对系统状态 x_1、x_2、x_3 的估计值；y 是系统输出；u 是控制输入；b 是系统增益；β_1、β_2、β_3 是观测器增益；fal 是一个非线性函数，用于提高观测器的抗干扰能力；e_1 是观测误差，$e_1 = z_1 - y$；α_1、α_2、δ 是可调参数。

通过设计合适的观测器增益和反馈机制，扩张状态观测器可以实现对系统状态和扰动量的准确估计。这些估计值将被用于后续的非线性状态误差反馈控制率的设计中。

（3）非线性状态误差反馈控制率（NLSEF）　非线性状态误差反馈控制率是自抗扰控制中的最后一个环节，它的主要作用是根据跟踪微分器的输出和扩张状态观测器的估计值，计算控制器的控制量。非线性状态误差反馈控制率采用非线性组合的方式，将跟踪误差、速度误差以及扰动估计值等多个因素综合考虑，以实现对被控对象的精确控制。

非线性状态误差反馈控制率的数学模型可以表示为

$$\begin{cases} u_0 = \beta_1 \mathrm{fal}(e_1, \alpha_1, \delta) + \beta_2 \mathrm{fal}(e_2, \alpha_2, \delta) \\ u = u_0 - \dfrac{z_3}{b} \end{cases} \tag{3-56}$$

式中，u_0 是中间控制量；u 是最终的控制输入；e_1 是位置跟踪误差，$e_1 = x_1 - z_1$；e_2 是速度跟踪误差，$e_2 = x_2 - z_2$；β_1、β_2 是控制增益；fal 是非线性函数，用于提高控制器的性能；α_1、α_2、δ 是可调参数。

在非线性状态误差反馈控制率中，fal 函数起到了关键作用。该函数具有饱和特性，能够限制控制量的变化范围，避免控制量过大对系统造成损害。同时，fal 函数的非线性特性使得控制器在不同的误差范围内具有不同的控制增益，从而实现对系统的精确控制。

2. 自抗扰控制的实现过程

自抗扰控制的实现过程可以概括为以下几个步骤。

1）根据被控对象的输入信号，利用跟踪微分器提取所需的微分信号，并为输入信号安排一个过渡过程。

2）通过实时观测系统的状态变化，利用扩张状态观测器估计系统内外扰动的总体作用量。

3）根据跟踪微分器的输出和扩张状态观测器的估计值，利用非线性状态误差反馈控制率计。

4）将控制量作用于被控对象，实现对被控对象的精确控制。

在自抗扰控制的实现过程中，需要根据被控对象的特性和控制要求，合理设计跟踪微分器、扩张状态观测器和非线性状态误差反馈控制率的参数。这些参数的选择将直接影响自抗扰控制的性能。

3. 算例

以 n 关节机械臂动力学模型为例，采用自抗扰控制方法来实现对机械臂的位置跟踪控制。其控制框图如图 3-6 所示。

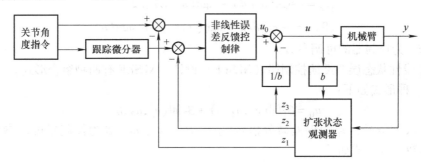

图 3-6　自抗扰控制框图

机械臂动力学模型重新列写如下：

$$\boldsymbol{M}(q)\ddot{q} + \boldsymbol{C}(q,\dot{q})\dot{q} + \boldsymbol{G}(q) = \boldsymbol{\tau} \tag{3-57}$$

定义机械臂关节角度指令为 q_{d}，关节角度跟踪误差为 $e_1 = q - q_{\mathrm{d}}$，关节角速度跟踪误差为 $e_2 = \dot{q} - \dot{q}_{\mathrm{d}}$，选取状态变量 $x_1 = q$，$x_2 = \dot{q}$，建立机械臂关节角度跟踪系统为

$$\begin{cases} \dot{x}_1 = x_2 \\ \boldsymbol{M}\dot{x}_2 = -\boldsymbol{C}x_2 - \boldsymbol{G} + \boldsymbol{\tau} \end{cases} \tag{3-58}$$

假设关节角度指令 q_{d} 连续，其一阶导数和二阶导数一直连续且有界。

（1）跟踪微分器设计　设计如下形式的跟踪微分器：

$$\begin{cases} \dot{x}_1 = x_2 \\ \dot{x}_2 = \mathrm{fhan}(x_1 - q_{\mathrm{d}}, x_2, r, h) \end{cases} \tag{3-59}$$

对应的离散算法如下：

$$\begin{cases} fh = fhan(x_1(k) - q_d, x_2(k), r_0, h_0) \\ x_1(k+1) = x_1(k) + hx_2(k) \\ x_2(k+1) = x_2(k) + hfh \end{cases} \tag{3-60}$$

式中，x_1 为关节角度指令 q_d 的跟踪信号；x_2 为 x_1 的微分信号；h 为采样周期；r_0 决定信号的跟踪速度，称为"速度因子"；h_0 对信号的噪声起滤波作用，称为"滤波因子"；fhan 为一种最速综合函数，其作用为较好的安排参考信号的过渡过程，使之不发生超调。具体形式如下：

$$\begin{cases} d = r_0 h_0^2 \\ a_0 = h_0 x_2 \\ y = x_1 + a_0 \\ a_1 = \sqrt{d(d + 8|y|)} \\ a_2 = a_0 + sign(y)(a_1 - d)/2 \\ s_y = [sign(y + d) - sign(y - d)]/2 \\ a = (a_0 + y - a_2)s_y + a_2 \\ s_a = [sign(a + d) - sign(a - d)]/2 \\ fhan = -r_0[a/d - sign(a)]s_a - r_0 sign(a) \end{cases} \tag{3-61}$$

式中，r_0、h_0 为控制器的可调参数。

（2）非线性状态误差反馈控制律（NLSEF）设计　NLSEF 有两种组合形式。

1）第一种形式如下：

$$u_0 = \beta_1 fal(e_1, a_1, \delta) + \beta_2 fal(e_2, a_2, \delta) \tag{3-62}$$

式中，e_1 为误差信号；e_2 为误差微分信号；β_1、β_2、a_1、a_2、δ 为控制器可调参数；fal( ) 为非线性函数，其形式如下：

$$fal(x, a, \delta) = \begin{cases} \dfrac{x}{\delta^{(1-a)}} \leqslant \delta, |x| \leqslant \delta \\ sign(x)|x|^a, |x| > \delta \end{cases} \tag{3-63}$$

2）第二种形式如下：

$$u_0 = fhan(e_1, ce_2, r, h_1) \tag{3-64}$$

式中，c 为阻尼因子；r 为控制器增益；h_1 为精度因子；fhan( ) 与式（3-61）的定义相同。

（3）扩张状态观测器（ESO）设计　扩张状态观测器是 ADRC 的控制理念体现，是 ADRC中最重要的一环。它将系统总扰动扩张成一个新的系统状态量，通过系统的控制输入、输出将扩张的状态变量观测出来并加以补偿。其算法如下：

$$\begin{cases} \varepsilon_1 = z_1 - y \\ \dot{z}_1 = z_2 - \beta_{01}\varepsilon_1 \\ \dot{z}_2 = z_3 - fal\left(\varepsilon_1, \dfrac{1}{2}, \delta\right) + bu \\ \dot{z}_3 = -\beta_{03} fal\left(\varepsilon_1, \dfrac{1}{4}, \delta\right) \end{cases} \tag{3-65}$$

式中，z_1 为系统输出的观测值；z_2 为系统输出微分的观测值；z_3 为系统总扰动的观测值；β_{01}、β_{03}、δ 为控制器可调参数；fal（）与式（3-64）的定义相同。

对应的离散形式如下：

$$\begin{cases} \varepsilon_1 = z_1(k) - y(k) \\ z_1(k+1) = z_1(k) + h\left[z_2(k) - \beta_{01}\varepsilon_1\right] \\ z_2(k+1) = z_2(k) + h\left[z_3(k) - \mathrm{fal}\left(\varepsilon_1, \dfrac{1}{2}, \delta\right) + bu\right] \\ z_3(k+1) = z_3(k) - h\beta_{03}\mathrm{fal}\left(\varepsilon_1, \dfrac{1}{4}, \delta\right) \end{cases} \tag{3-66}$$

式中，h 为采样周期；其余参数与上面的定义相同。

3.5.3　神经网络控制

工业机械臂控制系统是一个复杂的不确定非线性系统，具有多变量、强耦合等特点。轨迹跟踪控制要求机械臂能够按照给定的期望轨迹进行运动。神经网络（Neural Networks，NNs）因其强大的动态逼近能力和自适应能力，在非线性系统的控制问题中得到了广泛应用。

1. 神经网络分类

根据网络结构，神经网络可分为反向传播神经网络（Back Propagation Neural Networks，BPNNs）、径向基函数神经网络（Radial Basis Function Neural Networks，RBFNNs）、霍普菲尔德神经网络（Hopfield Neural Networks，HNNs）等。其中，BPNNs 是 3 层或 3 层以上的静态前馈神经网络，包含输入层、多个隐含层以及输出层，其隐含层和隐含层节点数不容易确定，没有普遍适用的规律可循，它通过反向传播算法来更新网络参数，以达到预期的控制效果；RBFNNs 也是一种前馈神经网络，与 BPNNs 不同的是，它的网络结构仅有 3 层（输入层、隐含层和输出层）且使用径向基函数作为隐含层的激活函数；HNNs 是一种比较特殊的网络，它不像一般的 NNs（如 BPNNs、RBFNNs 等）那样有输入层和输出层，它只有一群神经元节点，所有节点之间相互连接，它主要通过训练优化神经网络中的参数，最终实现预测、识别等功能。3 种神经网络结构如图 3-7 所示。

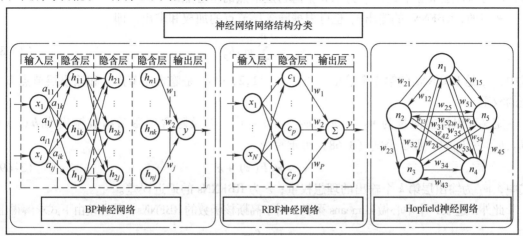

图 3-7　神经网络按照网络结构的分类

由于 RBFNNs 是一种性能优良的前馈型神经网络，可以任意精度逼近任意的非线性函数，且具有全局逼近能力，从根本上解决了 BP 网络的局部最优问题，而且拓扑结构紧凑，结构参数可实现分离学习，收敛速度快，因此本节后续将使用 RBFNNs 来进行工业机器人的控制器设计并提供简单算例。

2. RBFNNs 基本原理

RBFNNs 可追溯至 20 世纪 80 年代提出的多变量插值的径向基函数（RBF）方法，其中的径向基函数本质上是一个实值函数，它的取值仅取决于与原点之间的距离，即 $\Phi(x) = \Phi(\|x\|)$，不能通过编辑域代码创建对象。进一步还可以将其扩展为与空间内任意一点 c 的距离，而点 c 被称为中心点，即 $\Phi(x,c) = \Phi(\|x-c\|)$。任意一个满足 $\Phi(x,c) = \Phi(\|x-c\|)$ 特性的函数 $\Phi(x,c)$ 都称为径向基函数，与空间内任意一点 c 的距离一般使用欧氏距离，故也称使用欧氏距离的 $\Phi(x,c)$ 为欧式径向基函数，当然使用其他距离函数也是完全可以的。目前，最常用的径向基函数是高斯核函数，具体形式为 $G(x,c) = G(\|x-c\|) = e^{-\|x-c\|^2/(2\sigma^2)}$，其中 c 为核函数中心，σ 为函数的宽度参数用于控制函数的径向作用范围。在神经网络结构中，径向基函数作为一种非线性激活函数参与其中。

实际上，RBFNNs 是用 RBF 作为隐含层单元的"基"构成隐含层空间，如此便可将输入直接映射到隐含空间，而非权连接的方式。如果 RBF 的中心点是确定的，那么这种映射关系也就相应地确定了。另外，隐含层空间和输出空间之间的映射为线性映射，即 RBFNNs 的输出是隐含层各单元输出的线性加权和，其中权是一种可调的参数。其中，隐含层的作用是把向量从低维度的 N 映射到高维度的 P，这样低维度线性不可分的情况到高维度就可以变得线性可分了，这就是核函数的思想。如此一来，RBFNNs 由输入到输出的映射是非线性的，而输出对可调参数而言却又是线性的，那么权重就可由线性方程组直接解出，从而大大加快学习速度并避免局部极小问题。

具体的，RBFNNs 的激活函数可根据先前高斯基函数重写为

$$h_p = e^{-\frac{\|x-c_n\|^2}{2\sigma^2}} \tag{3-67}$$

式中，$n \in \{1,2,\cdots N\}$；$p \in \{1,2,\cdots P\}$；h_p 是 RBFNNs 的激活函数；N 为 RBFNNs 总输入个数；P 为隐含层节点个数；c_n 为第 n 个隐含层节点的中心点。

相应的，RBFNNs 的输出 y_k 也可根据隐含层节点的加权和求出，即

$$y_k = \sum_{p=1}^{P} w_{pk} h_p \tag{3-68}$$

式中，y_k 是 RBFNNs 的第 k 个输出，并且 $k \in \{1,2,\cdots\}$，是隐含层节点 p 和输出层节点 k 之间的权重。

定义理想权重向量为 $\boldsymbol{w}_k = (w_{1k}, w_{2k}, \cdots, w_{Pk})^T$，以及隐含层激活函数输出为 $\boldsymbol{h}(x) = (h_1, h_2, \cdots, h_P)^T$，那么公式（3-68）可重写为

$$y_k = \boldsymbol{w}_k^T \boldsymbol{h}(x) + \varepsilon \tag{3-69}$$

式中，w_k 为输出层第 k 个输出的理想权重；ε 为 RBFNNs 的逼近误差。

此外，选取 P 个中心做 k-means 聚类，对于高斯核函数的 RBFNNs，其方差由下式求解得出：

$$\sigma_i = \frac{c_{max}}{\sqrt{2P}} \tag{3-70}$$

式中，$c_{\max}$ 为所选取中心点之间的最大距离，即 $c_{\max} = \max\{|c_i - c_j|, 0\}, i \neq j$。

由于理想权重难以获取，因此，RBFNNs 的实际输出为

$$\hat{\boldsymbol{y}}_k = \hat{\boldsymbol{w}}_k^{\mathrm{T}} \boldsymbol{h}(x) \tag{3-71}$$

式中，$\hat{\boldsymbol{w}}_k$ 和 $\hat{\boldsymbol{y}}_k$ 是分别是理想权重 $\boldsymbol{w}_k$ 和输出 $\boldsymbol{y}_k$ 的估计值。

3. 问题描述

考虑 n 关节机械臂动力学如下：

$$\boldsymbol{D}(\boldsymbol{q})\ddot{\boldsymbol{q}} + \boldsymbol{C}(\boldsymbol{q},\dot{\boldsymbol{q}})\dot{\boldsymbol{q}} + \boldsymbol{G}(\boldsymbol{q}) + \boldsymbol{F}(\dot{\boldsymbol{q}}) + \boldsymbol{\tau}_{\mathrm{d}} = \boldsymbol{\tau} \tag{3-72}$$

式中，$\boldsymbol{D}(\boldsymbol{q}) \in \mathbf{R}^{n \times n}$ 是为正定的惯性矩阵；$\boldsymbol{C}(\boldsymbol{q},\dot{\boldsymbol{q}}) \in \mathbf{R}^{n \times n}$ 惯性矩阵；$\boldsymbol{G}(\boldsymbol{q}) \in \mathbf{R}^n$ 为惯性向量；$\boldsymbol{F}(\dot{\boldsymbol{q}})$ 表示摩擦力；$\boldsymbol{\tau}_{\mathrm{d}}$ 为外部未知扰动；$\boldsymbol{\tau}$ 为控制输入。

首先，误差跟踪函数可写为

$$\boldsymbol{e}(t) = \boldsymbol{q}_{\mathrm{d}}(t) - \boldsymbol{q}(t) \tag{3-73}$$

其次，定义误差函数为

$$\boldsymbol{r} = \dot{\boldsymbol{e}} + \boldsymbol{\Lambda}\boldsymbol{e} \tag{3-74}$$

式中，$\boldsymbol{\Lambda} = \boldsymbol{\Lambda}^{\mathrm{T}} > 0$。

根据式（3-72）和式（3-74），可得

$$\begin{aligned} \dot{\boldsymbol{q}} &= \dot{\boldsymbol{q}}_{\mathrm{d}} - \dot{\boldsymbol{e}} \\ &= -\boldsymbol{r} + \dot{\boldsymbol{q}}_{\mathrm{d}} + \boldsymbol{\Lambda}\boldsymbol{e} \end{aligned} \tag{3-75}$$

对式（3-75）两边同时乘以正定惯性矩阵 $\boldsymbol{D}(\boldsymbol{q})$，并代入式（3-72）化简得

$$\begin{aligned} \boldsymbol{D}\dot{\boldsymbol{r}} &= \boldsymbol{D}(\ddot{\boldsymbol{q}}_{\mathrm{d}} - \ddot{\boldsymbol{q}} + \boldsymbol{\Lambda}\boldsymbol{e}) \\ &= \boldsymbol{D}(\ddot{\boldsymbol{q}}_{\mathrm{d}} + \boldsymbol{\Lambda}\boldsymbol{e}) - \boldsymbol{D}\ddot{\boldsymbol{q}} \\ &= \boldsymbol{D}(\ddot{\boldsymbol{q}}_{\mathrm{d}} + \boldsymbol{\Lambda}\boldsymbol{e}) + \boldsymbol{C}\dot{\boldsymbol{q}} + \boldsymbol{G} + \boldsymbol{F} + \boldsymbol{\tau}_{\mathrm{d}} - \boldsymbol{\tau} \end{aligned} \tag{3-76}$$

然后将式（3-75）代入式（3-76）得

$$\begin{aligned} \boldsymbol{D}\dot{\boldsymbol{r}} &= \boldsymbol{D}(\ddot{\boldsymbol{q}}_{\mathrm{d}} + \boldsymbol{\Lambda}\boldsymbol{e}) - \boldsymbol{C}\boldsymbol{r} + \boldsymbol{C}(\dot{\boldsymbol{q}}_{\mathrm{d}} + \boldsymbol{\Lambda}\boldsymbol{e}) + \boldsymbol{G} + \boldsymbol{F} + \boldsymbol{\tau}_{\mathrm{d}} - \boldsymbol{\tau} \\ &= -\boldsymbol{C}\boldsymbol{r} - \boldsymbol{\tau} + \boldsymbol{\tau}_{\mathrm{d}} + \boldsymbol{f} \end{aligned} \tag{3-77}$$

式中，$\boldsymbol{f} = \boldsymbol{D}(\ddot{\boldsymbol{q}}_{\mathrm{d}} + \boldsymbol{\Lambda}\boldsymbol{e}) + \boldsymbol{C}(\dot{\boldsymbol{q}}_{\mathrm{d}} + \boldsymbol{\Lambda}\boldsymbol{e}) + \boldsymbol{G} + \boldsymbol{F}$。

由于 $\boldsymbol{f}$ 为未知的不确定项，在实际中难以测定，因此需要使用 RBFNNs 对其进行逼近（当然用其他方法逼近也是可以的，方法不限，此处仅以 RBFNNs 为例）。

4. 算例

为了估计式（3-77）中的不确定项 $\boldsymbol{f}$，特引入 RBFNNs 技术对其进行逼近。根据式（3-77）中的不确定项 $\boldsymbol{f}$ 的表达式，取 RBFNNs 的输入为

$$\boldsymbol{x} = (\boldsymbol{e}^{\mathrm{T}} \quad \dot{\boldsymbol{e}}^{\mathrm{T}} \quad \boldsymbol{q}_{\mathrm{d}}^{\mathrm{T}} \quad \dot{\boldsymbol{q}}_{\mathrm{d}}^{\mathrm{T}} \quad \ddot{\boldsymbol{q}}_{\mathrm{d}}^{\mathrm{T}})^{\mathrm{T}} \tag{3-78}$$

根据 RBFNNs 算法［式（3-67）和式（3-71）］，不确定项 $\boldsymbol{f}$ 可表示为

$$h_p = \mathrm{e}^{-\frac{\|x - c_n\|^2}{2\sigma^2}}$$
$$\hat{f} = \hat{\boldsymbol{w}}^{\mathrm{T}} \boldsymbol{h}(x) \tag{3-79}$$

式中，$p \in \{1, 2, P\}$，P 为隐含层节点个数；N 为网络的输入个数；$\hat{f}$ 为 RBFNNs 逼近 f 的估计值。

设计如下控制律：

$$\tau = \hat{w}^{\mathrm{T}} h(x) + K_{\mathrm{v}} r - v \tag{3-80}$$

式中，v 是用于克服神经网络逼近误差 ε 的鲁棒项。

将控制律［式（3-80）］代入式（3-77）得

$$
\begin{aligned}
D\dot{r} &= -Cr - \hat{w}^{\mathrm{T}} h(x) - K_{\mathrm{v}} r + v + \tau_{\mathrm{d}} + f \\
&= -(C + K_{\mathrm{v}}) r + (f - \hat{w}^{\mathrm{T}} h(x)) + \tau_{\mathrm{d}} + v \\
&= -(C + K_{\mathrm{v}}) r + (w^{\mathrm{T}} - \hat{w}^{\mathrm{T}}) h(x) + \varepsilon + \tau_{\mathrm{d}} + v \\
&= -(C + K_{\mathrm{v}}) r + \widetilde{w}^{\mathrm{T}} h(x) + \varepsilon + \tau_{\mathrm{d}} + v \\
&= -(C + K_{\mathrm{v}}) r + \xi_0
\end{aligned}
\tag{3-81}
$$

式中，$\widetilde{w} = w - \hat{w}$；$\xi_0 = \widetilde{w}^{\mathrm{T}} h(x) + \varepsilon + \tau_{\mathrm{d}} + v$。

由于控制律中 ε、τ_{d} 和 v 的不同，系统收敛性不同。因此，本算例仅选择 3 个变量 ε、τ_{d} 和 v 全取零的情况进行讨论，即 $\varepsilon = 0$、$\tau_{\mathrm{d}} = 0$ 和 $v = 0$。

定义 Lyapunov 函数为

$$V = \frac{r^{\mathrm{T}} D r}{2} + \frac{1}{2} \mathrm{tr}(\widetilde{w}^{\mathrm{T}} F^{-1} \widetilde{w}) \tag{3-82}$$

此时控制律和自适应律可重写为

$$\tau = \hat{w}^{\mathrm{T}} h(x) + K_{\mathrm{v}} r \tag{3-83}$$

$$\dot{\widetilde{w}} = -F h(x) r^{\mathrm{T}}, \dot{\hat{w}} = F h(x) r^{\mathrm{T}} \tag{3-84}$$

根据式（3-81）可得

$$D\dot{r} = -(C + K_{\mathrm{v}}) r + \widetilde{w}^{\mathrm{T}} h(x) + f \tag{3-85}$$

将式（3-81）代入式（3-85），可得

$$
\begin{aligned}
\dot{V} &= -r^{\mathrm{T}} D\dot{r} + \frac{1}{2} r^{\mathrm{T}} \dot{D} r + \mathrm{tr}(\widetilde{w}^{\mathrm{T}} F^{-1} \dot{\widetilde{w}}) \\
&= \frac{1}{2} r^{\mathrm{T}} (\dot{D} - 2C - 2K_{\mathrm{v}}) r + r^{\mathrm{T}} \widetilde{w}^{\mathrm{T}} h(x) + \mathrm{tr}\widetilde{w}^{\mathrm{T}} (F^{-1} \dot{\widetilde{w}} + h(x) r^{\mathrm{T}}) \\
&= -r^{\mathrm{T}} K_{\mathrm{v}} r \leqslant 0
\end{aligned}
\tag{3-86}
$$

3.6　工业机器人控制仿真实验

3.6.1　工业机器人 PID 控制仿真实现

基于 3.5.1 节中提到的 PID 控制算法，控制六自由度机械臂各关节跟踪余弦函数，给出其在 Matlab 中的实现过程，见表 3-5。

表 3-5　六自由度工业机器人 PID 控制仿真实现

行号	Matlab 代码示例
1	% 设定仿真时间和步长
2	T = 10；% 总仿真时间
3	dt = 0.01；% 步长

（续）

行号	Matlab 代码示例
4	tspan = 0:dt:T; %时间向量
5	
6	% 定义余弦函数信号
7	omega = 0.5; %频率
8	theta_desired = cos(omega * tspan); %期望角度
9	
10	% 初始化机械臂模型参数
11	num_joints = 6;
12	q = zeros(num_joints, length(tspan)); %关节角度
13	dq = zeros(num_joints, length(tspan)); %关节角速度
14	
15	% PID 控制器参数
16	Kp = [50, 50, 50, 50, 50, 50]; %比例增益
17	Ki = [0.1, 0.1, 0.1, 0.1, 0.1, 0.1]; %积分增益
18	Kd = [5, 5, 5, 5, 5, 5]; %微分增益
19	
20	% 初始状态
21	q(:, 1) = zeros(num_joints, 1); %初始关节角度
22	dq(:, 1) = zeros(num_joints, 1); %初始关节角速度
23	
24	% 控制循环
25	for i = 1:length(tspan) −1
26	% 读取当前状态
27	q_current = q(:, i);
28	dq_current = dq(:, i);
29	theta_current = theta_desired(i);
30	
31	% 计算 PID 控制力
32	control_force = zeros(num_joints, 1);
33	for j = 1:num_joints
34	% 计算误差
35	e = theta_desired(i) − q_current(j);
36	de = −dq_current(j);
37	
38	% PID 控制器计算
39	control_force(j) = Kp(j) * e + Ki(j) * sum(e * dt) + Kd(j) * de;

（续）

行号	Matlab 代码示例
40	end
41	
42	%仿真机械臂运动
43	[q_next, dq_next] = simulateArm(q_current, dq_current, control_force, dt);
44	
45	%记录机械臂状态
46	q(:, i+1) = q_next;
47	dq(:, i+1) = dq_next;
48	end

仿真结果如图3-8所示。

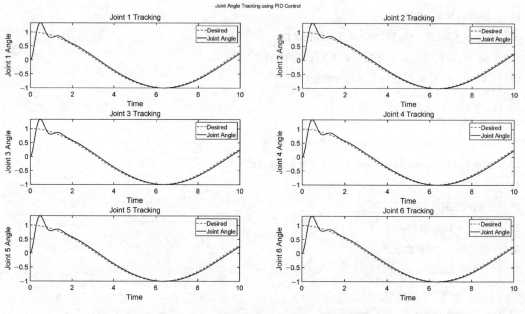

图3-8　六自由度工业机器人PID控制仿真结果

3.6.2　工业机器人力/位混合控制仿真实现

基于3.4.3节中提到的工业机器人力/位混合控制算法，控制六自由度机械臂各关节跟踪正弦函数，给出其在Matlab中的实现过程，见表3-6。

表3-6　六自由度工业机器人力/位混合控制仿真实现

行号	Matlab 代码示例
1	function force_position_control_six_dof_arm( )
2	% Simulation parameters
3	dt = 0.01; % Time step

（续）

行号	Matlab 代码示例
4	`T = 10; % Total simulation time`
5	`t = 0:dt:T; % Time vector`
6	
7	`% Desired joint trajectories (sinusoidal)`
8	`omega = 2 * pi * 0.1; % Frequency of the sine wave`
9	`A = 0.1; % Amplitude of the sine wave`
10	
11	`qd = zeros(6, length(t));`
12	`qd_dot = zeros(6, length(t));`
13	
14	`for j = 1:6`
15	`    qd(j, :) = A * sin(omega * t + j * pi/3);`
16	`    qd_dot(j, :) = omega * A * cos(omega * t + j * pi/3);`
17	`end`
18	
19	`% Initial state`
20	`q = zeros(6, 1); % Initial joint angles`
21	`q_dot = zeros(6, 1); % Initial joint velocities`
22	
23	`% PD controller gains for position control`
24	`Kp = 100 * eye(6);`
25	`Kd = 20 * eye(6);`
26	
27	`% Force control gain`
28	`Kf = 10 * eye(6);`
29	
30	`% Initialize variables for storing simulation results`
31	`q_traj = zeros(6, length(t));`
32	
33	`for i = 1:length(t)`
34	`    % Desired joint positions and velocities`
35	`    qd_current = qd(:, i);`
36	`    qd_dot_current = qd_dot(:, i);`
37	
38	`    % Joint position error`
39	`    e = qd_current - q;`
40	`    e_dot = qd_dot_current - q_dot;`
41	
42	`    % PD control for joint positions`
43	`    tau_pos = Kp * e + Kd * e_dot;`

（续）

行号	Matlab 代码示例
44	
45	% Force feedback（assuming some external force measurement, here we use zero force for simplicity）
46	
47	F_ext = zeros(6, 1);
48	tau_force = Kf * F_ext;
49	
50	% Total control input
51	tau = tau_pos + tau_force;
52	
53	% Update joint angles using inverse dynamics（simple Euler integration for this example）
54	
55	q_dot = q_dot + tau * dt;
56	q = q + q_dot * dt;
57	
58	% Store joint angles trajectory
59	q_traj(:, i) = q;
60	end
61	end

仿真结果如图 3-9 所示。

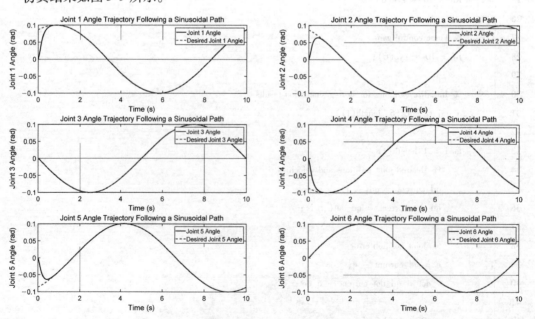

图 3-9　六自由度工业机器人力/位混合控制仿真结果

3.6.3　Gazebo 和 Rviz 简介

1. Gazebo

ROS（Robot Operating System，机器人操作系统）是一个用于编写机器人软件的高度灵活的软件框架，为机器人研究和开发提供了强大的支持。而在 ROS 生态系统中，Gazebo 作为一款开源的机器人仿真软件，凭借其出色的仿真能力、丰富的功能以及紧密的 ROS 集成，成了机器人仿真领域的佼佼者。

如图 3-10 所示，Gazebo 是一款强大的多机器人仿真器，主要用于模拟和测试机器人系统。它提供了一个类似真实环境的三维仿真环境，可以模拟各种机器人、传感器、环境和任务。Gazebo 支持多种物理引擎和图形渲染技术，能够准确地模拟物体之间的物理交互、碰撞和运动，为开发者提供了一个高度逼真的虚拟测试平台。

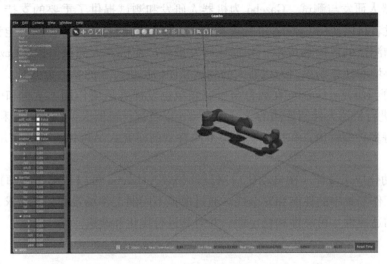

图 3-10　Gazebo 界面

Gazebo 的功能特点主要有以下几点。

（1）逼真的 3D 仿真　Gazebo 提供了高度逼真的物理引擎和图形渲染技术，能够准确地模拟物体之间的物理交互、碰撞和运动。这使得开发者可以在虚拟环境中测试和验证机器人系统的各种功能和性能，而无须实际搭建硬件平台。

（2）多机器人支持　Gazebo 支持同时模拟多个机器人，可以进行多机器人系统的协同控制和仿真。这为多机器人系统的研究和开发提供了极大的便利，开发者可以在虚拟环境中模拟多个机器人的协同工作，测试和验证各种协同控制算法和策略。

（3）传感器模拟　Gazebo 支持模拟各种传感器，如摄像头、激光雷达、惯性测量单元（IMU）等。这使得开发者可以在虚拟环境中测试和调试传感器相关的算法，如目标检测、定位、导航等。同时，Gazebo 还支持传感器数据的可视化，开发者可以直观地观察传感器数据的变化和分析结果。

（4）灵活的插件系统　Gazebo 提供了丰富的插件接口，开发者可以通过编写插件来扩展和定制仿真器的功能。例如，开发者可以编写自定义的传感器插件、控制器插件或其他组件插件，以满足特定的仿真需求。这种灵活的插件系统使得 Gazebo 具有很高的可扩展性和可定制性。

（5）ROS 集成　Gazebo 与 ROS 紧密集成，可以通过 ROS 框架进行控制和通信。这使得开发者可以方便地使用 ROS 的各种工具和库来控制和监测 Gazebo 仿真环境，以及与其他 ROS 节点进行数据交换和协同工作。这种紧密的集成关系使得 Gazebo 成了 ROS 生态系统中不可或缺的一部分。

（6）资源丰富　Gazebo 社区提供了大量的机器人模型、环境模型和插件资源。这些资源涵盖了从简单的几何体到复杂的机器人系统等多个方面，为开发者提供了丰富的选择。同时，Gazebo 还支持导入多种格式的模型文件（如 URDF/SDF），使得开发者可以轻松地导入和使用自己的模型资源。

Gazebo 的主要应用场景如下。

（1）机器人研发与测试　Gazebo 为机器人研发和测试提供了重要的支持。在机器人开发初期，开发者可以使用 Gazebo 进行虚拟测试，验证机器人系统的各种功能和性能。这有助于减少实物测试的风险和成本，并加速研发进程。在机器人测试阶段，Gazebo 可以模拟各种复杂的环境和任务场景，为机器人的测试和评估提供可靠的参考数据。

（2）教育与研究　Gazebo 在教育与研究领域也发挥着重要作用。学生和研究人员可以使用 Gazebo 进行机器人控制算法的学习和实验，以及进行机器人系统的设计和优化。同时，Gazebo 还支持多种编程语言和接口，使得不同背景的研究人员可以方便地使用 Gazebo 进行研究和开发。

82

（3）自动化应用设计　在自动化应用设计领域，Gazebo 可以帮助工程师预览和验证机器人在特定工作场景中的性能和安全性。通过模拟不同的工作场景和任务需求，工程师可以评估机器人的适应性、可靠性和稳定性，并对其进行优化和改进。

2. Rviz

Rviz 作为 ROS 的核心可视化工具（见图 3-11），以其直观、强大的功能，成了机器人开发、调试和展示中不可或缺的一部分。Rviz，全称 Robot Visualization，是 ROS 中一个非常重要的可视化工具。它主要用于显示和调试机器人的各种信息，包括传感器数据、状态信息、环境地图等。通过 Rviz，开发者可以以三维方式查看机器人模型、传感器数据和环境地图等，从而更加直观地了解机器人的状态和环境信息。Rviz 的出现，极大地提高了机器人开发的效率和便捷性，使得开发者能够更加方便地进行机器人的调试、优化和展示。

Rviz 的功能特点如下。

（1）可视化机器人模型　Rviz 能够加载并显示机器人的三维模型，包括连杆、关节、传感器等各个组成部分。开发者可以通过 Rviz 直观地查看机器人的外观、尺寸和运动状态，从而更加深入地理解机器人的结构和功能。此外，Rviz 还支持动态更新机器人模型，根据实时的关节状态进行动画渲染，使得开发者能够实时地了解机器人的运动情况。

（2）显示传感器数据　Rviz 支持多种传感器数据的可视化，如激光雷达、摄像头、IMU 等。通过订阅 ROS 中的传感器数据话题，Rviz 能够实时接收并显示传感器数据，如点云、图像等。这使得开发者能够直观地了解机器人感知到的环境信息，如障碍物位置、地形特征等。同时，Rviz 还支持对传感器数据进行处理和分析，如滤波、分割等，帮助开发者更好地

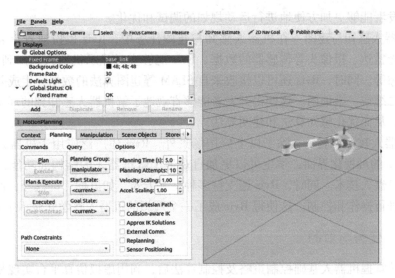

图 3-11　Rviz 界面

理解和利用传感器数据。

（3）生成导航地图　Rviz 可以接收来自 SLAM（Simultaneous Localization and Mapping）或其他建图算法的数据，生成并显示机器人所在环境的二维或三维地图。这为机器人的自主导航提供了重要的参考信息。通过 Rviz 的可视化界面，开发者可以直观地了解地图的覆盖范围、精度以及障碍物分布等信息，有助于优化导航算法和提高机器人的定位精度。

（4）调试运动规划　Rviz 可以显示机器人的路径规划结果，并提供交互式界面来调试和优化运动规划算法。开发者可以通过 Rviz 的可视化界面观察虚拟路径、障碍物和碰撞检测等信息，从而更加直观地了解运动规划的效果。此外，Rviz 还支持交互式操作，如拖动视图、选择目标点等，使得开发者能够更加方便地进行运动规划的调试和优化。

（5）可定制性和扩展性　Rviz 提供了丰富的配置选项和插件机制，允许开发者根据自己的需求定制和扩展其功能。开发者可以通过编辑配置文件来定制界面布局、可视化对象和颜色风格等，以满足特定的开发需求。同时，Rviz 还支持插件机制，允许开发者通过编写插件来添加新的显示面板和支持更多的数据类型。这使得 Rviz 具有很高的灵活性和可扩展性，能够满足不同开发者的需求。

Rviz 的主要应用场景如下。

（1）机器人导航与定位　在机器人导航与定位任务中，Rviz 发挥着重要作用。通过接收激光雷达、摄像头等传感器的数据，Rviz 能够实时显示机器人的周围环境信息，如障碍物位置、地形特征等。同时，Rviz 还可以加载并显示机器人的三维模型，以及根据实际的关节状态进行动态更新。这使得开发者能够直观地了解机器人的位置和姿态信息，从而更加准确地进行导航和定位。

（2）机器人运动规划　在机器人运动规划任务中，Rviz 同样具有重要的作用。通过显示机器人的路径规划结果，Rviz 为开发者提供了一个直观的工具来观察和理解运动规划的效果。开发者可以通过 Rviz 的可视化界面观察虚拟路径、障碍物和碰撞检测等信息，从而更加直观地了解运动规划的效果。此外，Rviz 还支持交互式操作，如拖动视图、选择目标点等，使得开发者能够更加方便地进行运动规划的调试和优化。

（3）机器人感知与建图 在机器人感知与建图任务中，Rviz 也扮演着重要角色。通过接收来自激光雷达、摄像头等传感器的数据，Rviz 能够实时显示机器人感知到的环境信息，如点云、图像等。同时，Rviz 还可以接收来自 SLAM 等建图算法的数据，生成并显示机器人所在环境的二维或三维地图。这使得开发者能够直观地了解机器人感知到的环境信息和构建的地图质量，从而优化感知算法和建图算法。

（4）机器人教学与展示 除了以上应用场景外，Rviz 还广泛应用于机器人教学和展示中。通过 Rviz 的可视化界面，学生可以更加直观地了解机器人的结构和功能，从而更好地理解和掌握机器人技术。同时，Rviz 还支持多种交互方式，如鼠标、键盘等，使得用户可以更加方便地进行操作和控制。这使得 Rviz 成了一个理想的机器人教学和展示工具。

3.6.4 设计任务与目的

在学习并掌握机器人基础控制策略及控制算法后，利用虚拟仿真平台实现相关机器人控制任务。具体要求是在 Gazebo 系统工作空间中生成两张桌子（一张用于放置机械臂）、一个立方体及一个托盘，要求利用 UR5 机器人，结合 3.2 节中的控制策略及 3.3 节中的控制算法，实现立方体的抓取并放置在托盘中。通过本章的学习达到以下目的：

1）了解工业机器人位置、力、速度等控制策略，学会运用常见的 PID、自抗扰、神经网络等控制算法。

2）熟练掌握一种常用的机械臂控制算法，实现机械臂的高精度控制。

3）对比不同控制算法在控制精度、稳定性、鲁棒性等方面的优缺点。

3.6.5 实验设计步骤

1）创建工作空间（见图 3-12），并在 ROS 工作空间中创建一个新的包，用于存放仿真所需的 URDF 模型和启动文件。

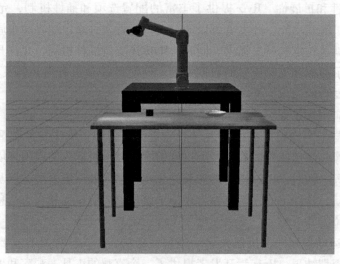

图 3-12 工作空间

```
mkdir- p ~/catkin_ws/src
cd ~/catkin_ws/src
catkin_init_workspace
cd ..
catkin_make
source ~/catkin_ws/devel/setup. bash
```

2）创建 URDF 模型和启动文件：在 ~/catkin_ws/src 目录下创建一个名为 ur5_grasping 的 ROS 包，并在其中创建 URDF 模型文件夹和启动文件夹。

```
cd ~/catkin_ws/src
catkin_create_pkg ur5_grasping rospy std_msgs sensor_msgs geometry_msgs
cd ur5_grasping
mkdir urdf launch
```

3）创建 URDF 模型文件：在 ur5_grasping/urdf 文件夹下创建桌子、立方体、托盘的模型文件。

4）创建控制节点：在 ur5_grasping/scripts 文件夹下创建一个 Python 脚本来实现 PD 控制。

```
cd ~/catkin_ws/src/ur5_grasping/scripts
touch pd_controller. py
chmod + x pd_controller. py
```

5）编写 PD 控制节点。

```
#PD 控制器
target_positions = self. calculate_joint_angles( self. target_position)
current_positions = np. array( msg. position)
current_time = rospy. Time. now( )
error = target_positions- current_positions
dt = ( current_time- self. prev_time). to_sec( )
derivative = ( error- self. prev_error)/dt
control_signal = self. kp * error + self. kd * derivative
self. prev_error = error
self. prev_time = current_time
```

6）创建启动文件：在 ur5_grasping/launch 文件夹下创建一个名为 grasping_experiment. launch 的启动文件，用于启动 Gazebo 仿真和 ROS 节点。

```
< launch >
    <! --Load UR5 robot and Gazebo -- >
    < include file = "$( find ur_gazebo)/launch/ur5. launch"/ >
```

```
< ! --Load Robotiq Gripper -- >
< include file = "$(find robotiq_85_gripper)/launch/robotiq_85_gripper. launch"/ >

< ! --Load tables, cube, and tray -- >
< node name = "spawn_table1" pkg = "gazebo_ros" type = "spawn_model" args = "-file
$(find ur5_grasping)/urdf/table1. urdf-urdf-x 0-y 0-z 0-model table1" / >
    < node name = "spawn_table2" pkg = "gazebo_ros" type = "spawn_model" args = "-file
$(find ur5_grasping)/urdf/table2. urdf-urdf-x 1-y 0-z 0-model table2" / >
    < node name = "spawn_cube" pkg = "gazebo_ros" type = "spawn_model" args = "-file
$(find ur5_grasping)/urdf/cube. urdf-urdf-x 1.5-y 0-z 0-model cube" / >
    < node name = "spawn_tray" pkg = "gazebo_ros" type = "spawn_model" args = "-file
$(find ur5_grasping)/urdf/tray. urdf-urdf-x 0-y 0-z 0-model tray" / >

< ! --Start controllers -- >
< node name = "controller_spawner" pkg = "controller_manager" type = "spawner" respawn =
"false" output = "screen"
        args = "joint_state_controller
            /arm_controller
            /gripper_controller" / >
</launch >
```

7）启动仿真和节点：在新的终端窗口中启动 Gazebo 仿真和 ROS 节点来控制 PD 控制器和夹爪。

```
source ~/catkin_ws/devel/setup. bash
roslaunch ur5_grasping grasping_experiment. launch
```

8）发布目标位置：在新的终端窗口中发布目标位置，告诉机械臂将立方体移动到托盘上（见图3-13）。

图 3-13   UR5 抓取立方体

```
source ~ /catkin_ws/devel/setup. bash
rostopic pub /target_position geometry_msgs/Point " {目标位置} "
```

习题

3-1　根据 3.1~3.4 节中的不同控制策略，实现 3.6.2 节中控制工业机器人 6 个关节的关节角度跟踪正弦函数这一任务，并进行对比分析。

3-2　根据 3.5 节中的不同控制算法，实现 3.6.1 节中控制工业机器人 6 个关节的关节角度跟踪余弦函数这一任务，并进行对比分析。

3-3　根据 3.1~3.4 节中的不同控制策略及 3.5 节中的控制算法，实现 3.6.5 节中立方体的抓取并放置在托盘中这一任务，并进行对比分析。

第4章 机器视觉感知与定位技术

4.0 绪论

视觉是人类感知世界的重要手段，本章讨论的机器视觉技术，就是研究如何让机器人同样具有可用的视觉感知能力。机器视觉旨在通过图像获取、传输和处理，基于人工智能实现对外部环境的理解和认知，该领域是当今人工智能研究的热点，在工业领域，视觉感知是各类工业机器人在非结构环境下，实现自主运行、柔性制造和人机共融的关键技术。

4.1 典型机器视觉系统

机器视觉系统包括光源、镜头、相机、图像采集卡、图像处理软件、监视器、通信及I/O单元等，如图4-1所示。光源为机器视觉系统的图像获取提供足够的光线，镜头将待检测目标成像到光学传感器，后者把光学信号转换成电信号以实现图像获取。图像采集卡将光学传感器的电信号转换成一定格式的图像数据流，并传送给图像处理软件。图像处理软件对采集到的图像数据进行分析、处理并把结果通过I/O或通信模块发送给执行机构。执行机构根据视觉处理结果做出相应动作。

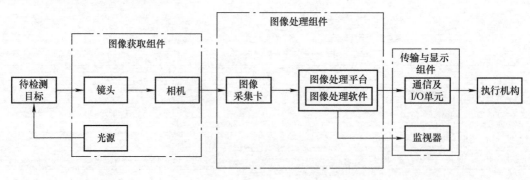

图4-1 机器视觉系统框图

4.1.1 图像获取组件

图像获取组件包括光源、镜头和相机。

适当的光源系统的设计，可以提高图像的对比度，使得系统更容易分辨目标物体的边缘和细节，使图像中的目标信息与背景信息得到最佳分离，提高信噪比，以降低图像处理算法的难度。因此，光源系统的设计会直接影响到机器视觉系统的性能和准确性。根据光源方向的不同，常见光源系统可分为明场漫射正面照明、直接明场正面照明、直接暗场正面照明、明场漫射背光照明、明场平行背光照明等几种类型。其中正面与背光分别指相机与光源同侧、相机与光源相对。明场与暗场分别指大部分的光反射到相机、大部分的光没有反射到相机。根据发光原理不同，常用光源的类型分为白炽灯、氙气灯、荧光灯、LED 等。

镜头的主要作用是将目标成像在光学传感器上，镜头的质量直接影响到机器视觉系统的整体性能，因此镜头的选型至关重要。在选型时通常考虑焦距、放大倍数、畸变等参数。焦距是焦点到面镜的中心点之间的距离，它决定了被摄物体在成像介质上成像的大小。放大倍数指物体通过透镜在焦平面上的成像大小与物体实际大小的比值，放大倍数越高，近摄能力越强，但成像视野越小。畸变是指被摄物平面内的主轴外直线，经光学系统成像后变为曲线，则此光学系统的成像误差称为畸变。畸变像差只影响影像的几何形状，而不影响影像的清晰度。

相机的选择会直接决定所采集到的图像质量。在对相机选型时要考虑分辨率、单色与彩色、帧率等参数。相机的分辨率是指单位距离的像用多少个像素来显示，通常分辨率越高，图像越清晰，细节越丰富。彩色相机可以获取彩色图像，以每个像素的红、绿、蓝（RGB）信息的形式展现，而单色相机只能捕捉黑白图像的相机模块。与彩色相机模块相比，单色相机模块在图像对比度、分辨率和灵敏度上有着显著优势，能够提供更细腻的灰度层次和更强烈的对比度。

4.1.2　图像处理软件

图像处理软件对采集到的图像数据进行分析，通过一定的运算得出结果。常用的机器视觉图像处理软件工具有 Halcon、OpenCV、LabVIEW 等。其中 OpenCV 偏向科研工作，对使用者门槛高，开发效率低、开发慢。Halcon 偏工程应用，使用封装的功能函数，对使用者门槛低，开发效率高，开发快。LabVIEW 与 OpenCV、Halcon 的显著区别是 OpenCV、Halcon 都是采用基于文本的语言产生代码，而 LabVIEW 使用的是图形化编辑语言 G 编写程序，产生的程序是框图的形式。LabVIEW 可与所有的硬件组合配合使用，兼容性良好，从而方便地使用现有的代码，管理和维护多个硬件系统。

4.1.3　传输与显示组件

对于传统的模拟信号输出的相机而言，图像采集卡在机器视觉系统中扮演重要角色，是图像采集部分和处理部分的接口，能够实时地捕获图像数据，并将其传输到计算机中进行后续的图像处理和分析。比较典型的是 PCI 或 AGP 兼容的捕获卡，可以将图像迅速地传送到计算机存储器进行处理。PCI 理论上的最大传输率仅为 133Mbit/s，而 AGP 是在 PCI 基础上发展起来的，有 66MHz 和 133MHz 两种工作频率，最高数据传输率为 266Mbit/s 和 533Mbit/s。

当前大部分相机采用千兆以太网、USB3.0 和 Cameralink 接口实现成像装置到计算机的高速传输。千兆以太网的传输速率为 1000Mbit/s，约为 125MB/s，而 USB3.0 具有更快的传输速度，理论最高速率为 5Gbit/s。但是，千兆以太网拥有更长的传输距离。相较于

USB3.0，Cameralink 传输速度快，能在高速传输下保证高质量图像的传输，且 Cameralink 采用了差分信号传输方式，具有更强的抗干扰能力。

监视器主要参数包括分辨率、刷新频率和对比度。分辨率是指单位面积显示像素的数量。决定了位图图像细节的精细程度。通常情况下，图像分辨率越高，所包含的像素就越多，图像就越清晰。显示单元的刷新率是指显示设备每秒钟更新屏幕内容的次数，通常以赫兹（Hz）为单位表示，屏幕刷新率越高，图像稳定性就越好，动画也就越流畅，同时响应时间也越快。屏幕对比度是指屏幕能够显示的最亮和最暗的亮度之比，影响画面的明暗对比和细节表现。高的对比度，会让屏幕有更好的明暗表现力，可表现出更多的暗部细节和亮部细节。

4.2 机器视觉基本原理

在机器视觉系统中，一幅图像常常是以阵列形式进行数字化采样，阵列中的每个位置称为一个像素。对于灰度图像，每个像素是由一个灰度通道来离散化该位置的亮度信息，通常为 8 位、10 位或 12 位 A/D 转换。对于彩色图像，一个像素点使用红（R）、绿（G）、蓝（B）三个通道的颜色信息来描述，每个通道也通常采用 8 位、10 位或 12 位 A/D 转换，如图 4-2 所示。图像分辨率通常是指转换阵列的大小，分辨率越高，像素的个数就越多，图像的清晰度越高，反之亦然。

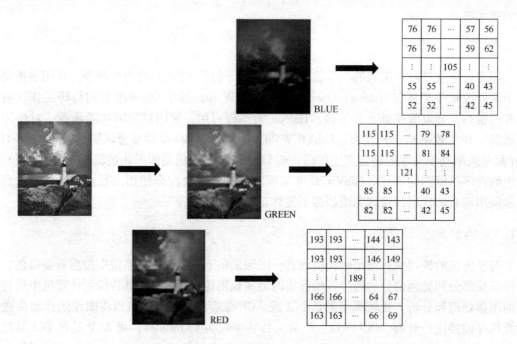

图 4-2　彩色图像数字化

4.2.1　RGB 图像灰度化

有时候需要将彩色图像进行灰度化处理。常用的灰度化方法有分量法、最大值法、平均值法、加权平均法。

1. 分量法

分量法将彩色图像中的（R,G,B）3 个通道的分量的亮度分别作为 3 个灰度图像的灰度值，如式（4-1）所示，并根据需求任选一种灰度图像，如图 4-3 所示。

$$Gray_1(i,j) = R(i,j)$$
$$Gray_2(i,j) = G(i,j)$$
$$Gray_3(i,j) = B(i,j)$$

$$(4-1)$$

式中，$Gray_k(i,j)(k=1,2,3)$ 为灰度图像在像素(i,j)处的灰度值。

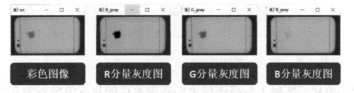

图 4-3　基于分量法的灰度化

2. 最大值法

最大值法是将彩色图像中(R,G,B)3 个通道中亮度的最大值作为灰度图的灰度值，如图 4-4 及式（4-2）所示。

$$Gray(i,j) = \max\{R(i,j),G(i,j),B(i,j)\} \tag{4-2}$$

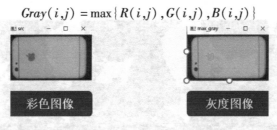

图 4-4　基于最大值法的灰度化

3. 平均值法

平均值法将彩色图像中(R,G,B)3 个通道亮度的平均值作为灰度值，如图 4-5 及式（4-3）所示。

$$Gray(i,j) = \frac{(R(i,j) + G(i,j) + B(i,j))}{3} \tag{4-3}$$

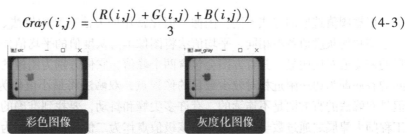

图 4-5　基于平均值法的灰度化

4. 加权平均法

根据色彩重要性，将 3 个分量以不同的权值进行加权平均。由于人眼对绿色的敏感度最高，对蓝色的敏感度最低，因此，按式（4-4）对(R,G,B)3分量进行加权平均能得到较合理的灰度图像，如图4-6所示。

$$Gray(i,j) = 0.30R(i,j) + 0.59G(i,j) + 0.11B(i,j) \tag{4-4}$$

图4-6 基于加权平均法的灰度化

4.2.2 图像二值化

对图像进行二值化，实际上是将图像上的各像素点的灰度值设置为0或255，即图像上只有黑色和白色，图像的二值化处理可使感兴趣的目标和背景分离。在进行二值化处理时，最常用的是阈值法，即设置一个阈值，对大于阈值灰度的像素和小于阈值灰度的像素分别处理，通常将大于阈值的像素灰度设置为255，将小于阈值的像素灰度设置为0，因此阈值的选取是二值化的关键。根据阈值的不同，二值化的算法分为固定阈值法和自适应阈值法，如图4-7所示。

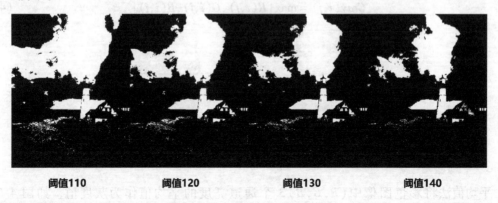

阈值110　　　　　　阈值120　　　　　　阈值130　　　　　　阈值140

图4-7 不同阈值对二值化的影响

根据阈值选取的方式不同，图像二值化常用的方法有平均值法、双峰法、大津算法等。由于图片的灰度值各不相同，平均值法将图像本身灰度值的平均值作为阈值；如果物体与背景的灰度值对比明显，其直方图会包含两个峰值，它们分别为图像的前景和背景。而它们之间的谷底即为边缘附近相对较少数目的像素点，双峰法将最小值作为最优二值化的阈值点。但是双峰法的直方图是不连续的，有许多尖峰和抖动，要找到准确的极值点十分困难。日本工程师大津展之通过数学方法推导出该极值点作为二值化阈值，称为大津算法，又称作最大类间方差法。按照大津法求得的阈值进行图像二值化分割后，前景与背景图像的类间方差最大。它被认为是图像分割中阈值选取的最佳算法，且计算简单，不受图像亮度和对比度的影响，在图像处理上得到了广泛的应用。

4.2.3　角点提取

角点就是极值点，即在某方面属性特别突出的点，是在某些属性上强度最大或者最小的孤立点、线段的终点。角点在保留图像图形重要特征的同时，可以有效地减少信息的数据量，是后续图像配准和特征提取的重要方法。典型的角点检测算法主要分为两种。一种需要对图像边缘进行编码，这在很大程度上依赖于图像的分割与边缘提取，具有相当大的难度和计算量。另一种是基于图像灰度的方法通过计算点的曲率及梯度来检测角点。图像梯度越大表示该局部内灰度的变化率越大。在实际操作中，对图像求梯度通常是考虑图像的每个像素的某个邻域内的灰度变化，因此通常对原始图像中像素某个邻域设置梯度算子，常用的有Moravec 算子、Forstner 算子、Harris 算子、SUSAN 算子。最常用的是 Harris 算子。

Harris 算子的基本原理是使用一个固定窗口在图像上进行任意方向上的滑动，比较滑动前与滑动后窗口中的像素灰度变化程度，如果在任意方向上滑动，都有着较大灰度变化，则认为该窗口中存在角点，如图 4-8 所示。

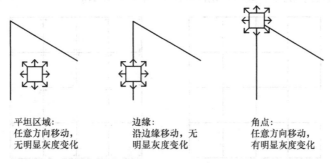

平坦区域：　　　　　　边缘：　　　　　　角点：
任意方向移动，　　　沿边缘移动，无　　任意方向移动，
无明显灰度变化　　　明显灰度变化　　　有明显灰度变化

图 4-8　Harris 角点检测原理

Harris 算子角点的检测步骤如下。

1. 计算局部窗口移动时窗口内部像素值变化量 $E(x, y)$

设窗口中心位于图像像素 (x, y) 处，且该处的灰度值为 $I(x, y)$，当该窗口沿着 x 轴和 y 轴方向分别移动了 u 和 v，到达 $(x + u, y + v)$ 处，灰度值为 $I(x + u, y + v)$。设 $w(x, y)$ 为 (x, y) 处的窗口函数，表示窗口内各像素的权重，可以把 $w(x, y)$ 设为以窗口中心为原点的高斯分布，即一个高斯核，则窗口内部像素值变化量如式（4-5）所示：

$$E(u, v) = \sum_{x, y} w(x, y) \left[I(x + u, y + v) - I(x, y) \right]^2 \tag{4-5}$$

对其进行展开，可化简为式（4-6）所示：

$$E(u, v) = \sum_{x, y} w(x, y) \left[I(x, y) + uI_x + vI_y - I(x, y) \right]^2$$

$$E(u, v) = \sum_{x, y} w(x, y) (u \quad v) \binom{I_x}{I_y} (I_x \quad I_y) \binom{u}{v}$$

$$E(u, v) = (u \quad v) \left[\sum_{x, y} w(x, y) \binom{I_x}{I_y} (I_x \quad I_y) \right] \binom{u}{v} \tag{4-6}$$

$$E(u, v) = (u \quad v) \boldsymbol{M} \binom{u}{v}$$

式中，M 为梯度的协方差矩阵，灰度值变化的大小则取决于矩阵 M。$M = \sum\limits_{x,y} w(x,y)\begin{pmatrix} I_x^2 & I_x I_y \\ I_y I_x & I_y^2 \end{pmatrix}$。

2. 计算窗口的角点响应函数 R

在实际应用中为了能够应用更好的编程，所以定义了角点响应函数 R，通过判定 R 大小来判断像素是否为角点。定义角点响应函数 R 如式（4-7）所示，即

$$R = \det(M) - k\,(\mathrm{trace}(M))^2 = \lambda_1 \lambda_2 - k\,(\lambda_1 + \lambda_2)^2 \tag{4-7}$$

式中，λ_1、λ_2 为矩阵 M 的特征值。

3. 比较 R 与阈值，确定是否存在角点

当 R 值较小，且 λ_1 和 λ_2 都较小时，表明窗口内的灰度值基本不会发生变化，此处为平坦区域；当 R 值为负值，且满足 $\lambda_1 \gg \lambda_2$ 或 $\lambda_2 \gg \lambda_1$ 时，表明此处为边缘区域；当 R 值大于阈值时，表明此处为角点。Harris 角点检测如图 4-9 所示。

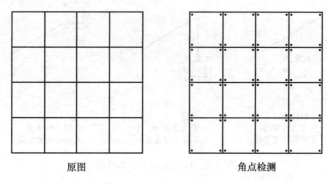

原图　　　　　　　　　　角点检测

图 4-9　Harris 角点检测

4.2.4　光照补偿

由于图像的色彩信息经常受到光源、采集设备的色彩的偏差等因素的影响，从而导致整体上色彩向某一方向移动，即经常所见的偏冷、照片偏黄等现象。为了便于图像的处理抵消这种整个图像中存在看色彩偏差，利于后续图像处理的开展，需要对图像进行光线补偿。光照补偿通过调整图像的亮度和对比度，以消除光照不均匀或光照强度不足等问题，使图像更加清晰和易于分析。常用的光照补偿方法有直方图均衡化、直方图规定化、Gamma 灰度校正等。这里主要介绍 Gamma 灰度校正。

Gamma 源于早期 CRT 显示器输出的亮度和输入的电压并非线性关系，而是幂指数指数的关系，导致暗区的信号要比实际情况更暗，而亮区要比实际情况更亮。为了重现摄像机拍摄的画面，电视和监视器必须进行伽玛补偿。对整个电视系统进行伽玛补偿的目的，是使摄像机根据入射光亮度与显像管的亮度对称而产生的输出信号，所以应对图像信号引入一个相反的非线性失真，即与电视系统的伽玛曲线对应的摄像机伽玛曲线，它的值应为 $1/\gamma$，称为摄像机的伽玛值。

Gamma 校正是对输入图像灰度值进行的非线性操作，使输出图像灰度值与输入图像灰

度值呈指数关系，从而提高图像对比度效果。Gamma 校正表达式如式（4-8）所示，即

$$V_{out} = AV_{in}^{\gamma} \tag{4-8}$$

式中，V_{in} 是归一化后的输入像素灰度值；V_{out} 是经过 Gamma 灰度校正后输出的像素灰度值；指数 γ 即为 Gamma。γ 的值决定了输入图像和输出图像之间的灰度映射方式。$\gamma > 1$ 时，图像的高灰度区域对比度得到增强，直观效果是一幅偏亮的图变暗。$\gamma < 1$ 时，图像的低灰度区域对比度得到增强，直观效果是一幅偏暗的图变亮。$\gamma = 1$ 时，不改变原图像。Gamma 灰度校正如图 4-10 所示。

原图　　　　　　　　　Gamma=2.2　　　　　　　　Gamma=1/2.2

图 4-10　Gamma 灰度校正

4.3　坐标系及其变换

4.3.1　典型坐标系简介

在视觉感知及定位系统中，目标识别算法操作的对象通常是由像素构成的图像。通过对图像的分析和处理，算法可以识别目标，定位目标在图像中的像素位置。但机器人需要将目标的像素坐标转换成世界坐标，执行机构才能获取目标在物理世界的位置，进而执行动作。所以要正确理解坐标系及坐标系之间的转换关系。

在机器视觉系统中，典型的坐标系有世界坐标系、相机坐标系、图像坐标系、像素坐标系，如图 4-11 所示。

像素坐标系用像素单位来描述图像中的坐标位置，通常以图像的左上角为原点，像素的行和列分别为 u 和 v 轴。

图像坐标系是相机成像后得到的二维图像上的坐标，通常以图像的左上角为原点，水平向右为 x 轴，垂直向下为 y 轴。

相机坐标系是以相机的光心为坐标系原点，X_C 和 Y_C 轴平行于图像坐标系的 x、y 轴，相机的光轴为 Z_C 轴，坐标系满足右手法则。

世界坐标系表示在真实三维世界中的坐标系 $X_W Y_W Z_W$，用来描述物体在真实世界中的位置和姿态。

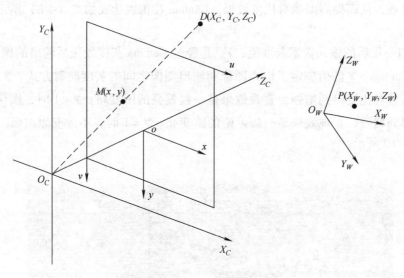

图 4-11　典型坐标系之间的关系

4.3.2　典型坐标系变换

1. 世界坐标系到相机坐标系

从世界坐标系到相机坐标系，涉及旋转和平移。设旋转矩阵为 R，偏移向量为 T，它们包括 3 个方向上的旋转参数和 3 个方向上的平移参数，世界坐标系下一点 $P(X_W, Y_W, Z_W)$，转化到相机坐标系为点 $D(X_C, Y_C, Z_C)$，如图 4-12 所示。

当两坐标系绕 z 轴旋转 θ 时，坐标关系满足式（4-9）：

$$\begin{pmatrix} X_C \\ Y_C \\ Z_C \end{pmatrix} = \begin{pmatrix} \cos\theta & -\sin\theta & 0 \\ \sin\theta & \cos\theta & 0 \\ 0 & 0 & 1 \end{pmatrix} \begin{pmatrix} X_W \\ Y_W \\ Z_W \end{pmatrix} = R_1 \begin{pmatrix} X_W \\ Y_W \\ Z_W \end{pmatrix} \tag{4-9}$$

同理，当绕 x 轴和 y 轴旋转 φ 和 ω 时，坐标关系满足式（4-10）和式（4-11）：

$$\begin{pmatrix} X_C \\ Y_C \\ Z_C \end{pmatrix} = \begin{pmatrix} 1 & 0 & 0 \\ 0 & \cos\varphi & \sin\varphi \\ 0 & -\sin\varphi & \cos\varphi \end{pmatrix} \begin{pmatrix} X_W \\ Y_W \\ Z_W \end{pmatrix} = R_2 \begin{pmatrix} X_W \\ Y_W \\ Z_W \end{pmatrix} \tag{4-10}$$

$$\begin{pmatrix} X_C \\ Y_C \\ Z_C \end{pmatrix} = \begin{pmatrix} \cos\omega & 0 & -\sin\omega \\ 0 & 1 & 0 \\ \sin\omega & 0 & \cos\omega \end{pmatrix} \begin{pmatrix} X_W \\ Y_W \\ Z_W \end{pmatrix} = R_3 \begin{pmatrix} X_W \\ Y_W \\ Z_W \end{pmatrix} \tag{4-11}$$

则旋转矩阵 $R = R_1 R_2 R_3$。进而可以得到世界坐标系下的一点与相机坐标系下对应点的转换关系，如式（4-12）所示：

$$\begin{pmatrix} X_C \\ Y_C \\ Z_C \end{pmatrix} = R \begin{pmatrix} X_W \\ Y_W \\ Z_W \end{pmatrix} + T \rightarrow \begin{pmatrix} X_C \\ Y_C \\ Z_C \\ 1 \end{pmatrix} = \begin{pmatrix} R & T \\ 0 & 1 \end{pmatrix} \begin{pmatrix} X_W \\ Y_W \\ Z_W \\ 1 \end{pmatrix} \tag{4-12}$$

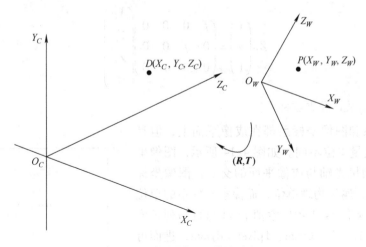

图 4-12　世界坐标系到相机坐标系

2. 相机坐标系到图像坐标系

从相机坐标系到图像坐标系属于三维坐标到二维坐标的变换的投影透视过程。设相机坐标系中一点 D 在图像坐标系下成像点为 $M(x,y)$，相机焦距为 f，如图 4-13 所示。

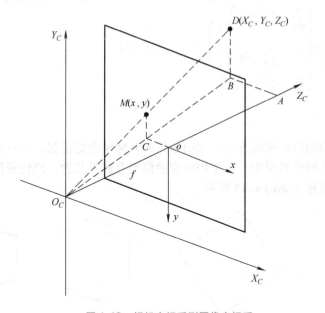

图 4-13　相机坐标系到图像坐标系

易知三角形 ABO_C 与三角形 oCO_C 相似、三角形 DBO_C 与三角形 MCO_C 相似，由三角形相似的原理可得式 (4-13)：

$$\frac{AB}{oC}=\frac{AO_C}{oO_C}=\frac{DB}{MC}=\frac{X_C}{x}=\frac{Z_C}{f}=\frac{Y_C}{y} \tag{4-13}$$

于是可得图像坐标系成像点 M 的坐标表示为

$$Z_C \begin{pmatrix} x \\ y \\ 1 \end{pmatrix} = \begin{pmatrix} f & 0 & 0 & 0 \\ 0 & f & 0 & 0 \\ 0 & 0 & 1 & 0 \end{pmatrix} \begin{pmatrix} X_C \\ Y_C \\ Z_C \\ 1 \end{pmatrix} \tag{4-14}$$

3. 图像坐标系到像素坐标系

像素坐标系和图像坐标系都在成像平面上，但是各自的原点和度量单位不同。如图 4-14 所示，图像坐标系的原点为相机光轴与成像平面的交点，图像坐标系的单位是 mm，属于物理单位，而像素坐标系的单位是 pixel，利用 dx 和 dy 表示像素值 pixel 与行与列长度 mm 的比值，即 $1\text{pixel} = dx\text{mm}$、$1\text{pixel} = dy\text{mm}$，进而可以求出两坐标之间的转换关系为

$$\begin{cases} u = \dfrac{x}{dx} + u_0 \\ v = \dfrac{y}{dy} + v_0 \end{cases} \tag{4-15}$$

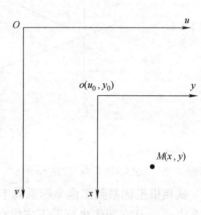

图 4-14 图像坐标系到像素坐标系

$$\begin{pmatrix} u \\ v \\ 1 \end{pmatrix} = \begin{pmatrix} \dfrac{1}{dx} & 0 & u_0 \\ 0 & \dfrac{1}{dy} & v_0 \\ 0 & 0 & 1 \end{pmatrix} \begin{pmatrix} x \\ y \\ 1 \end{pmatrix} \tag{4-16}$$

4.3.3 常用的图像变换模型

变换模型是指根据待匹配图像与背景图像之间几何畸变的情况，所选择的能最佳拟合两幅图像之间变化的几何变换模型。可采用的变换模型有如下几种：刚性变换、仿射变换、投影变换等。常见变换模型如图 4-15 所示。

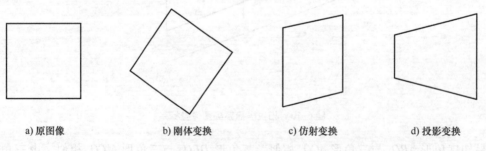

a) 原图像   b) 刚体变换   c) 仿射变换   d) 投影变换

图 4-15 常见变换模型

刚性变换：只有物体的位置和朝向发生改变，而形状不变，得到的变换称为刚性变换。刚体变换仅局限于平移、旋转和反转。在二维空间中一点 (x, y) 经刚性变换为 (x', y') 的公式如式（4-17）所示：

$$\begin{pmatrix} x' \\ y' \\ 1 \end{pmatrix} = \begin{pmatrix} 1 & 0 & t_x \\ 0 & 1 & t_y \\ 0 & 0 & 1 \end{pmatrix} \begin{pmatrix} x \\ y \\ 1 \end{pmatrix} \tag{4-17}$$

在二维空间中一点 (x,y) 绕任意一点旋转变换为 (x',y') 的公式如式（4-18）所示：

$$\begin{pmatrix} x' \\ y' \\ 1 \end{pmatrix} = \begin{pmatrix} \cos\theta & -\sin\theta & (1-\cos\theta)t_x + t_y\sin\theta \\ \sin\theta & \cos\theta & (1-\cos\theta)t_y - t_x\sin\theta \\ 0 & 0 & 1 \end{pmatrix} \begin{pmatrix} x \\ y \\ 1 \end{pmatrix} \tag{4-18}$$

式中，θ 为旋转角度；t_x、t_y 为平移量。

仿射变换：可以保持原来的线共点、点共线的关系不变，保持原本的平行关系，保持直线上线段之间的比例关系不变。但是，仿射变换不能保持原来的线段长度不变，也不能保持原来的夹角角度不变，如式（4-19）所示。仿射变换适用于平移、旋转、缩放和反转（镜像）情况。

$$\begin{pmatrix} x' \\ y' \\ 1 \end{pmatrix} = \begin{pmatrix} a_1 & a_2 & t_x \\ a_3 & a_4 & t_y \\ 0 & 0 & 1 \end{pmatrix} \begin{pmatrix} x \\ y \\ 1 \end{pmatrix} \tag{4-19}$$

式中，t_x、t_y 为平移量；$a_i(i=1\sim4)$ 为表示图像的旋转、缩放等变化。

投影变换是将一个平面投影到另一个平面上，直线经过后映射到另一幅图像上仍为直线，且平行关系基本不保持。二维平面上的投影变换具体可用下面的非奇异 3×3 矩阵形式来描述，即

$$\begin{pmatrix} x' \\ y' \\ w' \end{pmatrix} = \begin{pmatrix} m_0 & m_1 & m_2 \\ m_3 & m_4 & m_5 \\ m_6 & m_7 & m_8 \end{pmatrix} \begin{pmatrix} x \\ y \\ w \end{pmatrix} \tag{4-20}$$

4.4　模板匹配算法

4.4.1　模板匹配的意义

模板匹配是数字图像处理的重要组成部分之一，其目的在于比较或融合针对同一对象在不同条件下获取的图像，例如图像会来自不同的采集设备，取自不同的时间，不同的拍摄视角等，有时也需要用到针对不同对象的图像配准问题。具体地说，通过比较模板图像和输入图像的不同区域来确定它们之间的相似度，从而找到匹配的位置，常用的模板匹配算法有基于灰度的模板匹配、基于特征的模板匹配等。

4.4.2　距离测度

距离测度本质上与相似性度量类似。如果两组数据之间的距离测度越大，那么相似性越小；相反，如果两组数据之间的距离测度越小，那么相似性越大。对于基于内容的图像识别系统而言，如何能够从特征空间中学到一个合适的距离测度以更恰当的反映图像内容间的相似度显得尤为重要。在介绍距离测度之前，先引入距离 d 的数学定义，在 $\triangle ABC$ 中，有：

99

1）$d > 0$，即距离 d 具有非负性。

2）$d_{A \to B} = d_{B \to A}$，即距离 d 具有对称性。

3）$d_{A \to B} \leqslant d_{A \to C} + d_{C \to B}$，即距离 d 具有三角不等性。

常用的距离测度包括欧氏距离、曼哈顿距离、切比雪夫距离、闵科夫斯基距离、海明距离等。

欧式距离是欧几里得空间中两点之间的距离。在二维空间中，欧式距离可以通过平面内两点的坐标计算得出，公式如式（4-21）所示：

$$d = \sqrt{(x_1 - x_2)^2 + (y_1 - y_2)^2} \tag{4-21}$$

同理，对于 N 维空间中的欧式距离公式如式（4-22）所示：

$$d = \sqrt{(x_{i1} - x_{j1})^2 + (x_{i2} - x_{j2})^2 + \cdots + (x_{iN} - x_{jN})^2} \tag{4-22}$$

曼哈顿距离和欧氏距离的意义相近，也是为了描述两个点之间的距离。但与欧式距离不同的是，曼哈顿距离是通过两点在各个坐标轴上的距离之和来计算的，而不是两点之间的直线距离。在二维空间中，曼哈顿距离公式如式（4-23）所示：

$$d = |x_1 - x_2| + |y_1 - y_2| \tag{4-23}$$

切比雪夫距离也是欧几里得空间中两点之间的距离的一种度量方式，也称为棋盘距离。与欧式距离和曼哈顿距离不同的是，切比雪夫距离是通过两点在各个坐标轴上的距离的最大值来计算的。在二维空间中，切比雪夫距离公式如式（4-24）所示：

$$d = \max(|x_1 - x_2|, |y_1 - y_2|) \tag{4-24}$$

4.4.3　常用模板匹配算法

模板匹配是在一幅图像中寻找与模板图像最匹配的部分，模板就是已知的在图中要找的目标，且该目标同模板有相同的尺寸、方向和图像，模板在检测的图像上进行遍历，并计算模板与重叠子图像的相似性测度，如果相似性测度越大，这说明相同的可能性越大。设模板图像 T 的大小为 $M \times N$，搜索图像 S 的大小为 $m \times n$。根据相似性测度公式的不同，常用的模板匹配算法有：平均绝对差算法（MAD）、绝对误差和算法（SAD）、误差平方和算法（SSD）、平均误差平方和算法（MSD）、归一化积相关算法（NCC）。

（1）平均绝对差算法（Mean Absolute Differences，MAD）　MAD 算法的相似性测度公式如式（4-25）所示。平均绝对差 D 越小，表明越相似，故只需找到最小的 D 即可确定能匹配的子图位置。

$$D = \frac{1}{M \times N} \sum_{s=1}^{M} \sum_{t=1}^{N} |S(i + s - 1, j + t - 1) - T(s, t)| \tag{4-25}$$

（2）绝对误差和算法（Sum of Absolute Differences，SAD）　SAD 算法与 MAD 算法类似。SAD 算法相似性测度公式如式（4-26）所示。

$$D = \sum_{s=1}^{M} \sum_{t=1}^{N} |S(i + s - 1, j + t - 1) - T(s, t)| \tag{4-26}$$

（3）误差平方和算法（Sum of Squared Differences，SSD）　也叫差方和算法。SSD 算法与 MAD 算法类似。SSD 算法相似性测度公式如式（4-27）所示。

$$D = \sum_{s=1}^{M} \sum_{t=1}^{N} [S(i + s - 1, j + t - 1) - T(s, t)]^2 \tag{4-27}$$

（4）平均误差平方和算法（Mean Square Differences，MSD）　也称均方差算法。MSD 算法与 SSD 算法类似。MSD 算法相似性测度公式如式（4-28）所示。

$$D = \frac{1}{M \times N} \sum_{s=1}^{M} \sum_{t=1}^{N} \left[S(i+s-1, j+t-1) - T(s,t) \right]^2 \tag{4-28}$$

（5）归一化积相关算法（Normalized Cross Correlation，NCC）　NCC 算法利用搜索图与模板图的灰度，通过归一化的相关性度量公式来计算二者之间的匹配程度，如式（4-29）所示。

$$R(i,j) = \frac{\sum\limits_{s=1}^{M} \sum\limits_{t=1}^{N} |S^{i,j}(s,t) - E(S^{i,j})| \cdot |T(s,t) - E(T)|}{\sqrt{\sum\limits_{s=1}^{M} \sum\limits_{t=1}^{N} \left[S^{i,j}(s,t) - E(S^{i,j}) \right]^2 \cdot \sum\limits_{s=1}^{M} \sum\limits_{t=1}^{N} \left[T(s,t) - E(T) \right]^2}} \tag{4-29}$$

式中，$E(S^{i,j})$、$E(T)$ 分别表示 (i,j) 搜索图、模板的平均灰度值。

4.4.4　基于 OpenCV 的匹配识别算法

为方便实现模板匹配，OpenCV 提供了 matchTemplate 模板匹配函数接口，并包括 6 种模板匹配算法可供选择：平方差匹配法、归一化平方差匹配法、相关匹配法、归一化相关匹配法、相关系数匹配法、归一化相关系数匹配。在以下例子中统一假设计算模板图像 $T(x', y')$ 在原图像 $I(x,y)$ 处的相关性度量，保存在矩阵 $\boldsymbol{R}(x,y)$ 中。

1. TM_SQDIFF（平方差匹配法）算法

这类方法利用平方差来进行匹配，如式（4-30）所示。匹配值越接近 0，说明匹配程度越高。

$$\boldsymbol{R}(x,y) = \sum_{x',y'} \left(T(x',y') - I(x+x', y+y') \right)^2 \tag{4-30}$$

基于 Opencv 实现效果如图 4-16 所示，代码如下：

```
import cv2

img = cv2.imread('C:/Users/lenovo/Desktop/photo/lena.jpg')
template = cv2.imread('C:/Users/lenovo/Desktop/photo/template.jpg')
result = cv2.matchTemplate(img, template, cv2.TM_SQDIFF_NORMED)
min_val, max_val, min_loc, max_loc = cv2.minMaxLoc(result)
print('匹配相似度:', max_val)
w, h = template.shape[:2]
top_left = max_loc
bottom_right = (top_left[0] + h, top_left[1] + w)
cv2.rectangle(img, top_left, bottom_right, (0, 0, 255), 2)
cv2.imshow('result', img)
cv2.waitKey(0)
cv2.destroyAllWindows()
```

模板   搜索图像

图 4-16 模板匹配

2. TM_SQDIFF_NORMED（归一化平方差匹配法）算法

归一化平方差匹配法公式如式（4-31）所示。

$$R(x,y) = \frac{\sum_{x',y'}\left(T(x',y') - I(x + x', y + y')\right)^2}{\sqrt{\sum_{x',y'}T(x',y')^2 \cdot \sum_{x',y'}I(x + x', y + y')^2}} \tag{4-31}$$

代码实现与平方差匹配法类似，只需将第五行改为：

$result = cv2.\,matchTemplate(img, template, cv2.\,TM\_SQDIFF\_NORMED)$

3. TM_CCORR（相关匹配法）算法

与前面两种算法不同的是，相关匹配法的数值越大表示匹配程度越高，数值为 0 则表示没有任何相关性，如式（4-32）所示。

$$R(x,y) = \sum_{x',y'}\left(T(x',y') \cdot I(x + x', y + y')\right) \tag{4-32}$$

代码实现与平方差匹配法类似，只需将第五行改为：

$result = cv2.\,matchTemplate(img, template, cv2.\,TM\_CCORR)$

4. TM_CCORR_NORMED（归一化相关匹配法）算法

归一化相关匹配法公式如式（4-33）所示。

$$R(x,y) = \frac{\sum_{x',y'}\left(T(x',y') \cdot I(x + x', y + y')\right)}{\sqrt{\sum_{x',y'}T(x',y')^2 \cdot \sum_{x',y'}I(x + x', y + y')^2}} \tag{4-33}$$

代码实现与平方差匹配法类似，只需将第五行改为：

$result = cv2.\,matchTemplate(img, template, cv2.\,TM\_CCORR\_NORMED)$

5. TM_CCOEFF（相关系数匹配法）算法

将模版对其均值的相对值与图像对其均值的相关值进行匹配，数值为 1 则表示完美匹配，-1 则表示匹配效果最差，0 则表示没有相关性，如式（4-34）所示。

$$R(x,y) = \sum_{x',y'}\left(T'(x',y') \cdot I'(x + x', y + y')\right) \tag{4-34}$$

式中

$$T'(x',y') = T(x',y') - \frac{1}{(w \cdot h)} \cdot \sum_{x'',y''} T(x'',y'')$$

$$I'(x+x',y+y') = I(x+x',y+y') - \frac{1}{(w \cdot h)} \cdot \sum_{x'',y''} I(x+x'',y+y'')$$

$$(4-35)$$

代码实现与平方差匹配法类似，只需将第五行改为：

result = cv2. matchTemplate(img, template, cv2. TM_CCOEFF)

6. TM_CCOEFF_NORMED（归一化相关系数匹配法）算法

归一化相关系数匹配法公式如式（4-36）所示。

$$R(x,y) = \frac{\sum_{x'y'} (T'(x',y') \cdot I'(x+x',y+y'))}{\sqrt{\sum_{x',y'} T'(x',y')^2 \cdot \sum_{x',y'} I'(x+x',y+y')^2}} \quad (4-36)$$

代码实现与平方差匹配法类似，只需将第五行改为：

result = cv2. matchTemplate(img, template, cv2. TM_CCOEFF_NORMED)

4.5　基于机器学习的图像处理方法

4.5.1　机器学习图像处理流程

随着人工智能技术的发展，机器学习算法在图像处理领域发挥越来越重要的作用，并且正在不断地推动这一领域的进步。机器学习在图像视觉领域的应用大致可分为图像分类、目标检测、图像分割 3 大类，其工作原理主要包括以下几个关键步骤。

第一步：图像预处理。图像预处理直接影响到后续步骤的效果和准确性，其主要目的是改善图像质量，使图像更适合于后续的处理。常用的图像处理方法包括前面所提到的灰度化、二值化，以及滤波去噪和形态学处理等。

第二步：特征提取。特征提取是从原始图像数据中识别和选择对于后续任务（如分类、识别或检测）最有信息量的部分，可以将高维的图像数据转换为更加简洁、易于处理的形式，从而提高机器学习模型的效率和性能。常见的特征提取包括角点检测、方向梯度直方图（Histogram of Oriented Gradient，HOG）、局部二值模式（Local Binary Pattern，LBP）等。

第三步：图像分类、目标检测、图像分割。这几个任务是图像处理领域中核心的任务。图像分类是指将数字图像自动分类到不同的预先定义类别中，常见的分类算法包括支持向量机（SVM）、随机森林和神经网络等，通过对大量的带标签图像进行训练，机器学习模型能够学习到图像中的模式和特征，从而对新的图像进行分类。目标检测是指在图像或视频中自动识别和定位特定物体的任务，常见的目标检测算法包括卷积神经网络（CNN）、RCNN、Fast R-CNN 等，可结合深度学习技术，通过训练大量的带标签数据集，实现对目标的自动检测。图像分割是指将数字图像中的像素划分为不同的区域或对象的过程，常见的图像分割算法包括 GrabCut、GraphCut 等，这些算法利用机器学习中的能量函数最小化或图割技术，实现对图像的精细分割。

下面简要介绍几种常见的机器学习图像处理方法。

1. 支持向量机（Support Vector Machine，SVM）

在图像分类领域，SVM 被广泛应用于从图像中识别和分类不同的对象或场景。SVM 通过在高维空间中寻找最佳的分割超平面，有效地将不同类别的图像分开。在应用 SVM 进行图像分类时，首先需要提取图像的特征，如颜色直方图、纹理特征或边缘特征等，然后使用这些特征作为输入训练 SVM 模型。SVM 对于高维数据具有良好的处理能力，并且能够通过核技巧处理非线性问题，使其在图像分类任务中表现出色，尤其是在处理小样本数据集时，因此 SVM 在面部识别、手写数字识别和场景分类等多个图像分类任务中得到了成功的应用。

2. 卷积神经网络（Convolutional Neural Networks，CNN）

CNN 通过模拟人类视觉系统的工作原理，自动从图像中学习层次化的特征，无须手动特征提取。它包含多个卷积层、池化层和全连接层，能够捕捉从简单到复杂的图像特征。CNN 在图像分类任务中表现出色，能够识别和分类各种图像，如动物、交通标志、医学图像等。其强大的特征学习能力使得 CNN 成为图像分类和计算机视觉研究中的首选模型。

3. K 近邻算法（K-NearestNeighbor，KNN）

KNN 算法在图像分类中的应用是基于距离度量的简单且直观的方法。它不需要显式的训练阶段，而是通过计算测试图像与训练集中所有图像之间的距离，然后根据最近的 K 个邻居的类别来确定测试图像的类别。由于其简单性，因此 KNN 在处理小规模数据集时效果良好，尤其适用于那些类别之间边界不是非常清晰的图像分类任务。

基于机器学习的图像处理方法广泛应用于各种领域，随着其技术和应用的快速发展，许多工具和库为图像处理提供了强大的支持，常用工具有以下几种。

（1）OpenCV　OpenCV 是一个开源的计算机视觉和机器学习软件库，提供了大量的图像处理和计算机视觉功能，这些算法可以用于检测和识别面部、识别物体、分类人类行为、跟踪移动物体、提取 3D 模型等。OpenCV 广泛应用于各种互动艺术、地雷检测、无人驾驶车辆、监控视频以及识别对象或场景等领域。它支持多种编程语言，如 C＋＋、Python 和 Java，并且可以在多种操作系统上运行。

（2）TensorFlow　TensorFlow 在基于机器学习的图像处理方面具有广泛的应用。TensorFlow 提供了强大的计算能力，能够轻松构建和训练复杂的深度学习模型，如卷积神经网络（CNN）用于图像分类、目标检测和图像分割等任务。

（3）PyTorch　PyTorch 是一个开源的机器学习库，它在基于机器学习的图像处理方面被广泛应用于构建和训练深度学习模型，特别是在卷积神经网络（CNN）的应用上。PyTorch 以其动态计算图和易于使用的 API 而受到研究人员和开发者的青睐。它支持 GPU 加速，能够高效地处理大规模图像数据集，适用于图像分类、目标检测、图像分割等多种图像处理任务。PyTorch 还提供了 Torchvision 包，其中包含了许多预训练的模型和图像数据处理工具，这些都大大简化了图像处理项目的开发流程。

（4）Scikit-learn　Scikit-learn 是一个开源的 Python 机器学习库，它在基于机器学习的图像处理方面主要应用于图像的分类和聚类任务。Scikit-learn 提供了许多简单而有效的工具，用于数据挖掘和数据分析，包括各种分类、回归、聚类算法以及降维技术。在图像处理中，

Scikit-learn 常用于特征提取、图像识别和图像内容分析等任务。它的算法可以与其他库如 NumPy 和 SciPy 结合使用，处理图像数据并应用机器学习模型，尤其适合于处理小到中等规模的数据集。

4.5.2　基于深度学习的图像目标识别算法

下面介绍几种目前常用的基于深度学习的图像目标识别算法，将其特点与算法流程进行了提炼。

1. R-CNN 算法

R-CNN（Regions with Convolutional Neural Networks）算法是一种基于深度学习的图像目标识别算法，它通过结合区域提议方法和卷积神经网络来检测图像中的目标。R-CNN 算法是一种在目标检测领域广泛使用的方法。它首先使用选择性搜索算法在图像中提取大量可能包含目标的候选区域，然后对每个区域提议使用卷积神经网络提取特征，最后通过 SVM 对这些特征进行分类，并使用回归模型精细调整边界框。R-CNN 算法显著提高了目标检测的准确性，但由于需要对每个区域提议单独进行特征提取，其计算效率较低。后续的改进版本，如 Fast R-CNN 算法和 Faster R-CNN 算法，通过共享计算和引入区域提议网络（RPN）来解决这一问题，进一步提高了检测速度和准确性。

R-CNN 算法可以分为以下几个步骤。

1）区域提取。首先使用选择性搜索算法在图像中生成约 2000 个候选区域（region proposals），这些区域有可能包含某些目标。

2）特征提取。对于每个候选区域，使用预训练的 CNN（如 AlexNet）提取固定长度的特征向量。由于候选区域的大小和比例各不相同，通常需要将它们变形到固定尺寸以适应 CNN 算法的输入要求。

3）分类器训练。利用提取的特征向量，训练一系列的支持向量机（SVM）分类器，每个分类器负责识别一个目标类别。

4）边界框回归。为了提高目标定位的准确性，R-CNN 算法还训练了一个线性回归模型来微调候选区域的边界框。

R-CNN 算法在目标检测领域取得了显著的成果，但它也存在一些缺点，如计算成本高（因为需要对每个候选区域单独提取特征）和速度慢。为了克服这些问题，后续研究者提出了 Fast R-CNN 和 Faster R-CNN 等改进算法，它们通过共享计算和引入区域提议网络（RPN）来提高效率。这些改进算法在保持高准确性的同时，显著提高了目标检测的速度。

2. YOLO 算法

YOLO（You Only Look Once）算法是一种流行的目标检测算法，以其高速和准确性著称。与传统的目标检测方法不同，YOLO 算法将目标检测任务视为一个单一的回归问题，直接从图像像素到边界框坐标和类别概率的映射。它将图像分割成一个个格子，每个格子负责预测中心点落在该格子内的目标的边界框和类别概率。这种一步到位的方法使得 YOLO 算法能够实现实时目标检测，广泛应用于视频监控、自动驾驶、实时系统等领域。YOLO 算法经过多次迭代，每个版本都在速度和准确性上有所提升。

YOLO 算法可以分为以下几个步骤。

1）全图预测。与传统的目标检测方法不同，YOLO 算法在整个图像上一次性进行预测，避免了逐个区域分析的复杂过程。

2）网格划分。YOLO 算法将输入图像划分为 $S \times S$ 的网格，每个网格负责预测中心点落在该网格内的目标。

3）边界框预测。每个网格会预测 B 个边界框以及这些框包含目标的置信度，置信度反映了预测框与实际框的 IOU（交并比）和目标存在的概率。

4）类别概率。每个网格还会预测 C 个条件类别概率，这些概率是在目标存在于网格中时各个类别的概率。

5）模型训练。YOLO 算法使用整个图像直接训练，并在训练过程中同时优化分类损失、定位损失（边界框的预测误差）和置信度损失。

6）实时检测。由于 YOLO 算法在检测时只需要一次前向传播，因此它能够实现实时检测，这对于需要快速响应的应用场景（如自动驾驶）非常重要。

YOLO 算法的几个版本（YOLOv1 ~ YOLOv9）不断在速度和准确性上进行优化。YOLO 算法因其速度快和性能好而在目标检测领域得到了广泛的应用。

3. AttentionNet 算法

AttentionNet 算法是一种基于深度学习的目标检测模型，它通过引入注意力机制来提高目标检测的准确性和效率。它的核心思想是利用强化学习来指导注意力的聚焦，从而更有效地识别图像中的目标。在目标检测任务中，注意力机制能够帮助模型集中于图像中的关键区域，从而更准确地识别和定位不同的目标。AttentionNet 算法通过分析图像的特征来确定哪些区域最可能包含目标，然后对这些区域进行更详细的分析，这样不仅提高了检测的准确性，也减少了不必要的计算，提高了处理速度。AttentionNet 算法在多个目标检测领域，如人脸识别、行人检测和车辆识别等，都展现出了优异的性能。

在 AttentionNet 算法中，注意力机制的引入使得模型能够自动学习在图像的哪些区域聚焦，这些区域被认为是进行目标识别的关键部分。通过这种方式，AttentionNet 算法能够减少对背景噪声的干扰，专注于对目标识别更为重要的特征，从而提高识别的准确性。其重要特点是它结合了强化学习，通过奖励机制来优化注意力的聚焦策略。模型在训练过程中不断探索和学习，以找到最佳的注意力聚焦路径，从而提高目标识别的性能。

尽管 AttentionNet 算法在目标识别领域提供了一种新颖的视角和方法，但它的实现和优化可能比传统的深度学习模型更为复杂。此外，如何设计有效的奖励机制和注意力聚焦策略，以及如何平衡探索和利用，都是实现 AttentionNet 算法时需要考虑的关键问题。

4.6 机器视觉识别与定位算法设计

4.6.1 案例背景与任务

系统上料工位放有一个蓝色物料盒，上面放置有 4 个手机外壳，视觉相机对其进行拍照、识别图像，并经视觉算法计算后生成 4 个手机壳的中心点坐标，且上位机显示器可动态显示视觉相机的拍照及中心点坐标识别结果。

1）学习并掌握数字图像处理的原理和方法，包括视觉相机坐标系转换、模版匹配参数设置等。

2）理解机器人视觉识别定位的过程与步骤，能够基于 C#语言自主编程实现机器人视觉定位功能。

4.6.2　设计内容及步骤

本节设计内容推荐使用第 6 章介绍的工业机器人系统综合设计创新平台来完成。

1）在登录及进入虚拟仿真环境后，由于机器人（机械臂）采用"眼在手上"的方式，因此相机安装在机械臂的末端。首先利用机器人示教功能将机器人移动至物料盒上方（也可以通过移动物料架使其处于相机正下方），按下键盘【S】键，显示器将会显示拍摄的图像，如图 4-17 所示。注意：当拍摄的图像不理想（倾斜、不全）时，可以继续进行调节；在拍照点拍摄的图像中，被拍摄物体图像应保证清晰完整，横置为最佳。

2）根据当前拍照点的位置，选择需要引导的机器人以及坐标系标定的 U 轴方向和 V 轴方向。仿真软件中，机器人底座坐标系属于世界坐标系，观察实验场景配置，找出 U、V 轴与 X、Y、Z 轴的对应关系，并在相应的菜单中进行正确的选择，如图 4-18 所示。

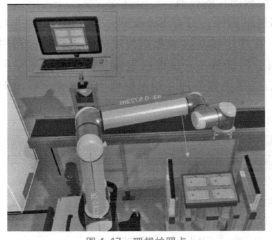

图 4-17　理想拍照点

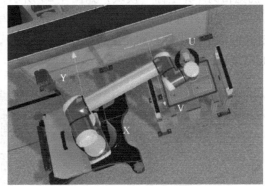

图 4-18　对应坐标系选择

3）利用软件自带 OpenCV 的模板匹配算法识别与定位目标。在视觉相机设备属性窗口中，选择关闭照明灯，打开【视觉算法参数设置】下拉菜单，选择相应的视觉算法，并根据具体情况设置【匹配程度（0～1）】。将机器人移动至拍照点 P8，按下【S】键，显示器里将会显示处理后的图片（框出所有手机壳、标出手机壳中心点坐标），如图 4-19 所示。如果显示器里图像无变化或处理结果不佳，应当重新设置匹配程度或匹配算法，直至成功。由于模板匹配算法已嵌入至仿真系统中，只需选择相应算法而不需编程，同学们可对比不同模板匹配算法和相应匹配程度的识别定位结果，加深理解。

4）为了深入理解基于模板匹配的视觉定位算法，可以利用 Visual Studio 软件，利用 C#语言编程并通过与虚拟仿真软件接口实现相关功能。首先在仿真平台的主页网站下载"外部通讯程序框架"文件夹（其中包含了例程框架）；将机器人移动至拍照点 P8，点开视觉相

图 4-19　处理成功后的图像

机属性窗口，下拉到底部，单击【手动拍照】（此时均可选择打开或关闭光源），将图片保存至桌面，在该图片上截取正常大小的单个手机壳图片，保存至桌面，并命名为"temp. png"；打开仿真软件安装根目标文件夹中"外部通讯程序框架"，找到图片"temp"，用桌面上模板图片将其替换，完成外部程序中模板图片的替换。

5）使用 Visual Studio 2019 软件打开外部通讯程序，打开 Server. cs 文件后，单击进入"视觉相机计算坐标"模块，如图 4-20 所示，在规定编写区域根据模块的输出目标，利用 C#编程完成外部程序的编写。外部程序的编写分两部分，一是输出坐标（该坐标并不是手机壳的位中心坐标，而是手机壳左上角坐标），二是图像处理（矩形框框出手机壳、标出中心点坐标）。

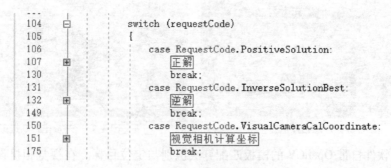

图 4-20　自主程序编写框架

特别说明的是，外部程序的编写只涉及获取手机壳图像坐标位置即图 4-21 中第 1 个图框，其他的位置转换及修正部分属于机器人内置算法，不需要编写；外部程序输出的坐标为二维坐标（X, Y），不涉及 Z 轴即高度值，该高度值由拍照点决定。

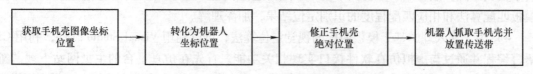

图 4-21　坐标转换过程示意图

6）编写完成后，在 Visual Studio 顶部单击绿色启动按钮，若程序编写无语法错误，则会生成一个运行窗口（见图 4-22），再在运行窗口中单击启动和显示数据；点开视觉相机设备属性窗口，算法选择菜单中选择外部视觉程序接口，而机器人运动控制仍采用内置算法不变，成功接入外部程序显示"连接服务器成功"；如果出现"无法连接到服务器端"的情况，请检查外部程序运行窗口是否启动，如图 4-23 所示。

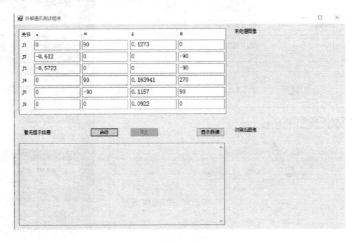

图 4-22　运行窗口

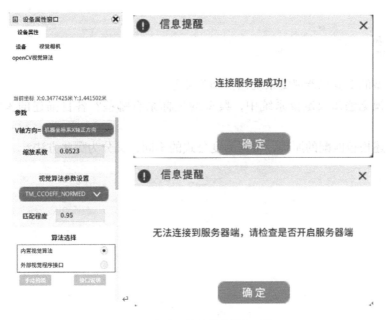

图 4-23　仿真环境参数配置与通信

7）在拍照点按【S】进行图像采集，经过外部接口程序中的模板匹配算法处理，得到物料盒中手机壳的位置，并返回手机壳的位置坐标。当外部程序编写正确且完整时，其程序运行结果如图 4-24 所示，由正确的坐标和识别后的图像两部分构成。当运行结果不正确或不完整时，表示外部程序编写出错，需针对性进行修改。

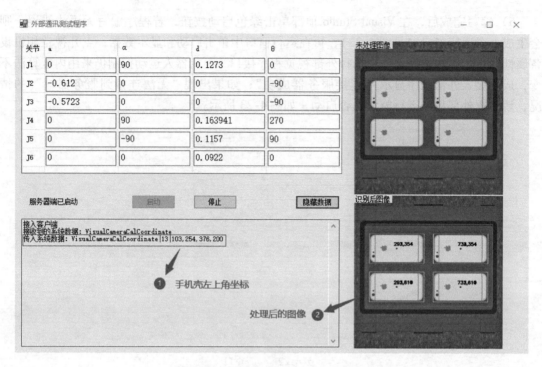

图 4-24　外部程序运行结果

110

4-1　典型的工业机器视觉系统包括哪些部分？

4-2　在视觉感知及定位系统中，典型的坐标系有哪些？各自描述的坐标信息有什么区别？

4-3　简述模板匹配的原理，根据测度公式的不同，又分为哪些方法？

第5章 工业机器人自动化产线创新设计

5.0 绪论

工业机器人自动化产线不是将机器人简单地引入生产线，而是通过对工艺要求的深入理解和分析，综合运用了机器人技术、仪器仪表技术、工业控制器技术以及计算机软硬件等多种先进技术，实现生产过程的自动化、智能化和柔性化。机器人扮演着重要的角色，它们可以执行各种任务，从简单的重复动作到复杂的精密操作，旨在达到多重目标，低成本实现、产品质量保障、生产效率提升以及生产安全的保障等。这种自动化生产技术不仅能够提升企业的竞争力，还会推动整个工业生产领域向更高水平发展，并将深刻影响人类社会的发展进程。

5.1 工业自动化产线系统

工业自动化产线系统是一个多技术综合应用的复杂体系，涵盖了系统设计、设备选型、产线搭建、控制技术、通信技术以及工程管理技术等多个方面。这些技术的综合应用使得系统具备了更高的智能化和自动化水平。在这样的系统中，控制方案的设计已经不再局限于单个被控对象，而是更加注重系统级的整体设计。各个设备有机地联结在一起，共同协作以实现工艺功能，最终达到预期的控制效果。这种系统级的控制方案设计考虑到了整个生产线的综合性，注重设备之间的协同作业，从而提高了生产效率和产品质量。

5.1.1 物料处理系统

物料处理系统在工业自动化产线中扮演着至关重要的角色，由物料的输入、存储、分配和传送等环节构成，它负责管理和运输原材料以及半成品，确保它们在生产过程中的运作。

物料输入环节是产线运作的起点，它通过各种自动化设备实现。传送带是最常见的一种自动输送设备，它能够将原材料从仓库或外部输送到生产线上。而机械臂则是一种灵活的自动化装置，能够根据程序指令精确地抓取和移动物料，实现自动化的装载和卸载操作。这些自动化设备不仅提高了生产效率，还减少了人力成本，提高了生产线的灵活性和响应速度。

物料的存储环节通常采用仓储系统和物流 AGV（自动引导车）。仓储系统可以根据生产需求和物料特性设计不同类型的存储设备，如货架、托盘、货箱等，以便于对物料进行分类、存储和管理。而物流 AGV 则是一种智能化的运输设备，能够自主导航和运输物料，将其从仓库直接送达到生产线上的指定位置，大大提高了物料运输的效率和准确性。

物料的分配和传送环节需要依靠传送带、输送机、搬运车等设备。输送机通常用于长距离物料输送，能够高效地将大量物料输送至指定位置。而搬运车则是一种移动式装载设备，能够在生产车间内自由移动，并将物料从一个位置转移到另一个位置，为生产线提供灵活的物料运输解决方案。

这些自动化设备的综合应用，使得物料处理系统能够高效地管理和运输原材料和半成品，实现生产过程中的物料流畅运转，从而保障了生产线的稳定性和生产效率。

5.1.2　加工工序

加工工序主要负责对原材料进行加工、组装、装配等操作，直接影响产品的质量和生产效率。在现代制造业中，加工工序的自动化程度越来越高，通常通过各种先进的自动化设备来实现。

机器人作为加工工序中的重要工具之一，具备出色的灵活性和多功能性。它们能够根据预设的程序执行各种复杂的加工任务，如焊接、装配、喷涂等，为生产线的加工环节提供高效的支持。机器人的运用不仅可以提高生产效率，还能够降低人力成本和生产事故风险，成为现代制造业中不可或缺的一部分。

另一方面，数控机床也是加工工序中常见的自动化设备之一。通过计算机控制系统精确地控制加工工具的运动，数控机床能够实现高精度、高效率的加工操作。在各种金属加工、零件加工和模具制造等领域，数控机床都发挥着重要作用，为生产线的加工工序提供了可靠的支持。

在自动化生产线中，加工工序还经常配备各种传感器和监控系统，以确保生产过程的稳定性和可靠性。这些传感器能够实时监测生产过程中的各项参数，如温度、压力、速度等，监控系统则可以对加工工序进行实时监控和控制，及时发现并解决生产过程中的问题，从而稳定提升产品质量和生产效率。这些先进的技术手段使得加工工序在自动化生产线中发挥着关键性的作用，为企业提供了可靠的生产保障。

5.1.3　控制系统

控制系统是调节自动化产线系统的关键组成部分，它是整个生产过程中的大脑和中枢神经系统，负责监控、调节和控制各个工艺工序之间的协同运作，以确保生产线的稳定运行和产品质量的一致性。

控制系统通过各种传感器、执行器和控制器等设备实现对生产线的监控和控制。传感器在生产过程中实时感知各种关键参数，如温度、压力、速度等，将这些信息传输给控制器。控制器根据预设的控制策略，对各个设备进行智能控制和调节，以保证生产线的正常运行和产品质量的稳定。

为了实现更高级别的控制和管理，控制系统还可以通过网络与上位机或其他设备进行通信，实现远程监控和控制。这种远程控制的方式不仅提高了生产线的灵活性和响应速度，还降低了人力成本和生产事故的风险。

在控制系统中，PLC（可编程逻辑控制器）和 DCS（分布式控制系统）是两种常见的控制器类型。PLC 主要用于对生产线上的各种离散事件进行控制和调度，如开关、传感器等，而 DCS 则更适用于对连续过程进行控制和优化，如化工生产线等。它们能够有效地连接各个产线功能模块，实现整个生产系统的协调运作和智能化管理。

PLC 是以微处理器为基础的通用工业控制装置，是结合继电接触器控制和计算机技术而不断发展完善起来的一种自动控制装置，具有编程简单、使用方便、通用性强、可靠性高、体积小、易于维护等优点，在自动控制领域应用十分广泛。其从诞生到发展，实现了工业控制领域接线逻辑到存储逻辑的飞跃，实现了逻辑控制到数字控制的进步，实现了单体设备简单控制到运动控制、过程控制及集散控制的跨越。PLC 最基本的应用是取代传统的继电接触器进行逻辑控制，此外还可以用于定时/计数控制、步进控制、数据处理、过程控制、运动控制、通信联网和监控等场合。

5.1.4 检测与质量控制

检测与质量控制确保了产品在生产过程中的质量稳定性和一致性，是保障企业声誉和客户满意度的关键环节。

检测设备采用多种原理和技术，包括光学、电子、机械等，对产品的尺寸、外观、性能等进行全面检测和测量。例如，光学检测设备可以利用光线反射和折射原理，对产品的表面质量、缺陷和形状进行高精度的检测。电子检测设备则可以通过传感器和电子信号，对产品的电气特性和性能进行评估。机械检测设备则主要用于对产品的物理特性和结构进行检测，如硬度、强度等。这些检测设备不仅能够实现高效、精确的检测，还可以提前发现和排除潜在的质量问题，确保产品达到预期的质量标准。

除了检测设备，质量控制手段也是确保产品质量的重要手段之一。通过控制系统对生产过程中的各项参数进行调节和控制，以达到产品质量的要求。例如，控制系统可以实时监测生产过程中的温度、压力、速度等参数，根据预设的控制策略对生产设备进行调节，以确保产品的加工精度和稳定性。此外，质量控制手段还可以通过反馈机制，及时调整生产参数，以适应产品质量变化和市场需求变化。

综上所述，检测与质量控制是自动化产线中不可或缺的重要环节，它们通过先进的技术手段和智能化管理，确保产品质量的稳定性和一致性，提升企业竞争力和市场份额。随着科技的不断进步和生产技术的不断创新，检测与质量控制将继续发挥着重要作用，为企业的可持续发展和产业升级提供强有力的支持。

5.1.5 信息管理系统

信息管理系统通过各种软件和硬件设备对生产过程中的信息进行全面的管理和利用，为企业提供了精准的数据支持和智能化的决策分析。

首先，信息管理系统负责对生产过程中的各种信息进行采集、传输、存储和处理。通过各种传感器、监控设备和数据采集器，系统可以实时监控生产线的运行状态，收集各种生产数据和质量数据，包括生产速度、设备运行状态、产品质量等。这些数据被传输到信息管理系统，经过处理和整合后存储在数据库中，为后续的分析和应用提供了基础。

其次，信息管理系统能够对数据进行分析和处理，发现数据之间的关联性和规律性。通过数据挖掘、统计分析、机器学习等技术手段，系统可以从海量数据中提取有用的信息和知识，为生产决策和优化提供支持。例如，通过分析生产线上的运行数据，系统可以发现潜在的生产瓶颈和优化空间，提出相应的改进方案，以提高生产效率和降低成本。

此外，信息管理系统还具有与企业其他管理系统进行集成的能力，实现信息的无缝流通和共享。通过与 ERP（企业资源计划）、MES（制造执行系统）等系统的集成，信息管理系统可以将生产计划、库存管理、物流配送等功能整合在一起，实现生产过程的全面管控和协同管理。这种集成化的管理方式不仅提高了生产线的管理效率，还能够更好地满足市场需求，提升企业竞争力。

综上所述，信息管理系统通过对生产过程中的信息进行全面管理和利用，为企业提供了智能化的数据支持和决策分析能力，是实现生产优化和管理智能化的重要手段。随着信息技术的不断发展和应用场景的不断拓展，信息管理系统将发挥越来越重要的作用，为企业的可持续发展和产业升级提供有力支持。

5.1.6　工业自动化系统的通信技术

工业自动化系统通信方式的选择对于现代工业生产至关重要。随着科技的飞速发展和工业自动化水平的不断提高，工厂和生产线对于高效、可靠的通信系统需求日益增加。在选择通信方式时，需要考虑到不同的工业环境、设备类型和应用场景，以确保通信系统能够满足生产需求并提升生产效率。以下将主要介绍几种常见的通信方式，具体见表5-1。

表5-1　工业自动化系统常见的通信方式

通信方式	优点	缺点	典型案例
以太网通信	高带宽，支持大规模数据传输和实时控制 低延迟，适用于实时性要求高的环境 稳定可靠，技术成熟	网络拥塞可能导致数据丢失或延迟 传输距离有限，局限于局域网范围 网络安全风险需注意	自动化产线控制 数据采集系统 监控系统
现场总线通信	简单可靠，易于安装和维护 实时性强，适用于快速响应的环境 适用范围广，满足中小规模系统需求 成本低廉，硬件成本相对较低	传输速率限制，不适合大规模数据传输 节点数量限制可能影响通信质量 网络拓扑结构受限，不适合复杂布局	工业机器人控制系统 自动化流水线系统 智能化仓储系统
串行通信	简单稳定，通信过程可靠 适用于远距离通信 抵御噪声干扰，保证数据可靠性	传输速率相对较低，不适合大规模数据传输 节点数量限制可能影响通信质量 不适合大规模系统需求	传感器数据采集 远程监控 短距离数据传输
工业无线通信	灵活性高，无须布线，适用于灵活布局环境 布线简单，节省建设成本和时间 适用于移动设备监控，提高生产效率	受信号干扰影响，可能导致通信中断 传输距离有限，不适合远距离通信需求 数据安全性需加强，存在窃听风险	移动机器人控制 无线传感器网络 移动设备监控

综上所述，在需要大规模数据传输和实时控制的工业自动化环境中，以太网通信方式是首选，其高带宽、低延迟和稳定性确保了系统的效率和可靠性，特别适用于自动化产线控制和监控系统。对于中小规模的控制系统，如工业机器人控制和自动化流水线系统，现场总线通信方式简单可靠、成本低廉，能够满足实时性强的需求。而对于远距离通信需求，如传感器数据采集和远程监控，适合采用串行通信方式，尤其是在没有网络基础设施支持的情况下。对于需要灵活布局或频繁移动设备的场景，如移动机器人控制和无线传感器网络，工业无线通信方式是最恰当的选择，但需要注意信号干扰和传输距离限制的问题。

5.2　工业机器人自动化产线类型

在现代工业生产中，工业机器人的自动化应用已经成为提高生产效率、降低成本和保证产品质量的关键因素之一。本节将介绍几个典型的工业机器人自动化产线应用案例，包括电子制造产线、汽车组装产线和多机器人机加工产线等，以展示工业机器人在不同行业中的广泛应用和重要作用。

5.2.1　电子制造产线

在电子制造领域，工业机器人被广泛应用于各种生产环节，包括半导体制造、电子元器件装配、手机组装等。通过视觉系统的辅助，机器人可以识别零件位置，实现自动抓取和装配，大大提高了生产效率和产品质量。而且，机器人可以在连续 24h 的生产中保持一致的工作质量和速度，降低了人工操作带来的误差和损耗。此外，在半导体制造中，机器人还被广泛应用于晶圆处理、芯片测试和封装等关键环节，提高了生产效率和产品质量的稳定性。

下面以手机组装产线为例介绍电子产品自动化组装产线，如图 5-1 所示。

图 5-1　电子产品自动化组装产线

机器人可以承担屏幕安装、电池安装、零件拧紧等工序，实现高速、精准的组装操作。通常包括以下几个主要步骤。

1）物料供应与准备。该过程开始于物料的供应与准备阶段。在手机组装产线上，各种零部件和组件（如屏幕、电池、电路板等）需要按照生产计划提前准备好，并放置在适当的位置上，以便机器人后续抓取和使用。

2）机器人抓取与定位。一旦所有零部件和组件就位，工业机器人开始执行抓取和定位任务。通过预先编程的指令，机器人准确识别并抓取每个零部件，然后将它们放置在需要的位置上。在这个过程中，视觉系统可以帮助机器人识别零部件的位置和方向，确保抓取和放置的精度和准确性。

3）组装与连接。一旦所有零部件就位，机器人开始执行组装和连接任务。这可能涉及将屏幕与电路板连接、安装电池、固定外壳等操作，每个操作都需要机器人以精确的速度和位置进行动作，确保零部件之间的连接紧密可靠，同时避免损坏或错误组装。

4）检测与调整。在组装完成后，机器人执行检测和调整任务。通过内置的传感器和视觉系统，机器人可以检测组装后手机的各项参数，如屏幕是否正常显示、电池是否充电正常等。如果发现异常情况，机器人会及时进行调整或报警，以确保产品质量和生产效率。

5）包装与标识。机器人完成手机组装后的包装和标识任务。它可以将组装好的手机放置在适当的包装盒中，并添加必要的标识和标签，如产品型号、生产日期等。这个过程通常也是高度自动化的，机器人能够根据预设的包装方案进行操作，确保包装的整齐和一致性。

5.2.2 汽车组装产线

在汽车制造行业，工业机器人更是不可或缺。从焊接、喷涂到总装，机器人在汽车组装线上扮演着重要的角色，如图5-2所示。

图5-2 汽车组装自动化产线

在车身焊接环节，机器人能够完成焊接接缝、点焊、搭接等工序，实现高强度的焊接连接，确保车身结构的稳固性和安全性。在喷涂环节，机器人精确控制喷涂枪的位置和喷涂量，保证车身表面的涂装均匀一致，提升了车辆的外观质量和防腐性能。在总装环节，机器人可以完成零部件的拧紧、安装、检测等工序，实现汽车的快速组装，提高了生产效率和产品质量。这些机器人自动化产线的应用，不仅大幅提升了汽车制造的生产效率和产品质量，同时还显著降低了人工成本和生产周期。此外，在汽车行业，工业机器人还被用于车身分拣，可以快速而准确地识别和分类不同类型的车身部件，为后续的生产作业提供准确的零部件供应，尾气排放检测等环节，提高了生产线的灵活性和自动化程度。

除了上述环节，工业机器人在汽车行业还有诸多其他应用。例如，它们被广泛用于车身分拣，可以快速而准确地识别和分类不同类型的车身部件，为后续的生产作业提供准确的零部件供应。此外，工业机器人还有一些特殊的应用，比如尾气排放检测，在汽车制造中也离不开工业机器人的帮助。这些应用的引入不仅优化了汽车生产线的运作流程，还增强了生产线的智能化水平，使汽车制造业保持在高效、精准的发展轨道上。

5.2.3　多机器人机加工产线

在机械加工行业，多机器人机加工产线已经成为提高加工效率和精度的主流趋势。通过多个机器人的协同作业，可以实现复杂零件的高速加工和精密加工。在零件加工环节，这种协同作业方式展现了其强大的应用潜力：一台机器人负责夹持工件，确保其稳定位置和角度，另一台机器人则负责刀具的精确控制，通过高精度的动作，实现多轴复合加工。这种机器人之间的密切配合和精准执行，使得加工过程更加流畅，加工质量更加可靠，如图 5-3 所示。

这种多机器人的协同作业方式不仅提高了加工效率，还能够实现多种加工工艺的灵活切换，满足不同产品的加工需求。例如，在航空航天和模具制造领域，多机器人机加工产线的应用尤为广泛。在航空航天领域，多机器人系统能够处理复杂的零部件，如飞机发动机零件或飞机结构组件，通过高精度的加工技术和智能化的生产管理，保证了产品的加工精度和生产效率。而在模具制造领域，多机器人系统则能够应对各种形状和尺寸的模具零件，实现快速、准确地加工，从而提高了模具制造的生产能力和质量水平。

通过以上几个典型案例的介绍，可以看出工业机器人自动化产线在不同行业中的广泛应用和重要作用。随着技术的不断进步和工业智能化水平的提高，工业机器人将在未来扮演更加重要的角色，为工业生产带来更大的变革和发展。

图 5-3　多机器人机加工产线

5.3　PLC 原理与编程基础

可编程逻辑控制器（Programmable Logic Controller，PLC）是现代工业自动化中不可或缺的核心组件，用于控制和监视生产过程中的各类机械和设备。PLC 的出现大大简化了工业控制系统的设计与实现，使其在工业机器人和自动化产线中得到了广泛应用。本节将介绍 PLC 的基本结构、工作原理及其编程基础。更深入的 PLC 编程知识读者可通过其他专业教材、PLC 使用手册等来学习。

5.3.1　PLC 的基本结构与工作原理

PLC 的基本结构包括中央处理单元（CPU）、存储器、输入/输出（I/O）模块、电源模块和通信模块。

1）中央处理单元（CPU）。CPU 是 PLC 的核心，负责执行用户编写的控制程序，并处理来自输入模块的信号和控制输出模块。CPU 通常包括微处理器、计时器、计数器等。

2）存储器。存储器分为程序存储器和数据存储器。程序存储器用于存储用户编写的控制程序，数据存储器用于存储运行过程中产生的临时数据和状态信息。

3）输入/输出（I/O）模块。输入模块用于接收来自传感器、开关等输入设备的信号，输出模块用于控制执行器、继电器等输出设备的动作。

4）电源模块。电源模块为 PLC 的各个部分提供稳定的电源。

5）通信模块。通信模块用于 PLC 与其他设备（如上位机、其他 PLC、HMI 等）之间的数据交换和通信。

PLC 的工作原理是周期性的扫描过程，分为输入扫描、程序执行和输出刷新 3 个阶段。

1）输入扫描：PLC 从输入模块读取所有输入信号，并将其存储在输入映像寄存器中。

2）程序执行：PLC 按照存储的控制程序逐条指令进行执行，根据输入信号和程序逻辑对输出映像寄存器进行更新。

3）输出刷新：PLC 将更新后的输出映像寄存器的值传送到输出模块，驱动相应的输出设备。

5.3.2　PLC 编程语言

PLC 的编程是实现自动化控制的核心环节。PLC 的编程语言种类繁多，其中最常用的是梯形图（Ladder Diagram，LD）、功能块图（Function Block Diagram，FBD）、指令表（Instruction List，IL）、结构化文本（Structured Text，ST）和顺序功能图（Sequential Function Chart，SFC）。

1）梯形图。梯形图是最常用的 PLC 编程语言，其形式类似于电气控制系统中的继电器逻辑图。LD 由一系列并行和串行连接的触点和线圈组成，易于理解和使用。

2）功能块图。功能块图使用图形化的功能块来表示控制逻辑，每个功能块实现一个特定的功能，如逻辑运算、计数、定时等。功能块之间通过连接线进行数据传递，适合描述复杂的控制过程。

3）指令表。指令表是一种低级语言，类似于汇编语言。IL 使用简洁的指令代码来描述控制逻辑，适合有编程基础的用户。

4）结构化文本。结构化文本是一种高级语言，类似于 C 语言和 Pascal 语言。ST 使用文本描述控制逻辑，具有较强的表达能力，适合描述复杂的算法和逻辑。

5）顺序功能图。顺序功能图使用图形化的方法表示顺序控制过程。SFC 将控制过程分解为一系列步骤和转换条件，适合描述具有明确顺序的控制任务。

5.3.3　西门子博途编程基础

西门子博途（TIA Portal）是西门子公司开发的一款综合自动化工程软件，广泛应用于工业控制和自动化领域。它提供了一体化的开发环境，使工程师能够高效地进行 PLC、HMI、驱动和网络的编程与调试。梯形图是其中最常用的 PLC 编程语言之一，因其直观的图形界面和与传统电气继电器逻辑图的相似性而广受欢迎。以下简要介绍 TIA Portal 中的梯形图编程基础。

1. 工程创建

启动 TIA Portal：打开 TIA Portal 软件，选择【创建新项目】。

项目设置：为新项目命名，选择项目的存储路径，然后单击【创建】。

添加 PLC 设备：在项目树中，右键单击【设备与网络】，选择【添加新设备】。选择适合的 PLC 型号和 CPU 类型，然后单击【确定】。

配置硬件：在设备配置界面，可以添加和配置 PLC 的 I/O 模块、通信模块等硬件设备。

在 TIA Portal 中，PLC 程序的结构包括组织块（OB）、功能块（FB）、函数（FC）、数据块（DB）等。这些不同的程序块协同工作，实现复杂的控制逻辑。

2. 程序结构

1）组织块（OB）。组织块是 PLC 程序的入口点，决定了程序的执行顺序和周期。主组织块（OB1）是最常用的组织块，每个 PLC 项目至少包含一个 OB1。OB1 在每个 PLC 扫描周期都会被调用一次。

2）功能块（FB）。功能块用于实现特定功能的模块化代码，可以包含输入、输出、内部变量和静态数据。FB 通常与数据块（DB）配合使用，每个 FB 实例都关联一个 DB，存储该实例的状态和数据。

3）函数（FC）。函数是执行特定任务的代码块，不保留调用之间的状态。FC 通常用于简单的计算、逻辑运算或小型子程序，不需要单独的数据块。

4）数据块（DB）。数据块用于存储全局或实例化的变量和数据。全局数据块（Global DB）可以在整个程序中访问，而实例化数据块（Instance DB）用于存储功能块实例的数据。

119

3. 程序逻辑

西门子 PLC 梯形图主要由母线、触点、线圈或用方框表示的指令框等构成，如图 5-4 所示。

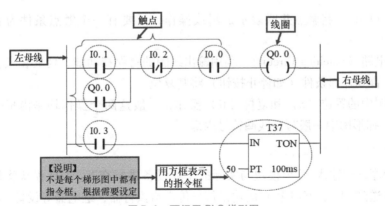

图 5-4　西门子 PLC 梯形图

（1）梯形图的基本元素

1）母线。在西门子 PLC 梯形图中，左右两侧的母线分别称为左母线和右母线，是每条程序的起始点和终止点，也就是说梯形图中的每一条程序都是始于左母线，终于右母线的。一般情况下，西门子 PLC 梯形图编程时，习惯性地只画出左母线，省略右母线，但其所表达梯形图程序中的能流仍是由左母线经程序中触点 I0.1、I0.2、线圈 Q0.0 等至右母线中的过程，如图 5-5 所示。

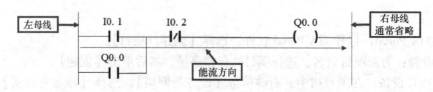

图 5-5　西门子 PLC 梯形图编程中的母线

2）触点。常开触点（Normally Open Contact，NO）符号为⊣├，代表条件为真时闭合。常闭触点（Normally Closed Contact，NC）符号为⊣/├，代表条件为假时闭合。可使用字母 I、Q、M、T、C 进行标识，且这些标识一般写在其相应图形符号的正上方，如图 5-5 所示。I 表示输入继电器触点；Q 表示输出继电器触点；M 表示通用继电器触点；T 表示定时器触点；C 表示计数器触点。完整的梯形图触点通常用"字母 + 数字"的文字标识，如图中的"I0.0、I0.1、I0.2、Q0.0"等，用以表示该触点所分配的编程地址编号。

3）线圈（Coil）：符号为⊣( )├，用于输出控制信号。可使用字母 Q、M、SM 等进行标识，且字母一般标识在括号上部中间的位置，如图 5-5 所示。Q 表示输出继电器线圈，M 或 SM 表示辅助继电器线圈。

在西门子 PLC 梯形图中每一个编程元件都对应一个统一的 I/O 地址，但是编程元件触点连接的状态可以是不同的，例如，复合按钮可以有两个触点。除上述的触点、线圈等符号外，还通常使用一些指令框（也称为功能块）用来表示定时器、计数器或数学运算等附加指令，指令框的具体含义可以在常用编程元件中具体了解和学习。

（2）基本逻辑操作

1）串联（AND）。将触点串联表示逻辑与操作，所有串联的触点条件均为真时，线圈才会闭合。

2）并联（OR）。将触点并联表示逻辑或操作，只要有一个触点条件为真，线圈就会闭合。

3）保持电路（Latching Circuit）。利用输出线圈的自保持功能，使其在条件触发后保持在激活状态，直到外部条件（如停止按钮）将其复位。

4）梯形图中的置位（S）和复位（R）操作，一般这两个操作均是由指令实现的，其在西门子 PLC 梯形图中一般写在线圈符号内部。

4. 梯形图与 I/O 之间的关系

梯形图程序通过输入/输出模块与实际的工业设备进行交互。I/O 模块将传感器、开关等输入信号传送到 PLC，并将 PLC 的输出信号传递给执行器、继电器等设备。

输入模块：输入模块连接各种输入设备，如按钮、限位开关、光电传感器等，将这些设备的状态信号传送到 PLC。输入地址通常以"I"开头，后面跟随通道号，如 I0.0、I0.1 等。

输出模块：输出模块连接各种输出设备，如电动机、指示灯、阀门等，将 PLC 的控制信号传送到这些设备。输出地址通常以"Q"开头，后面跟随通道号，如 Q0.0、Q0.1 等。

梯形图与 I/O 映射关系：在梯形图中，输入触点和输出线圈通过地址与实际的 I/O 模块相对应。例如，起动按钮连接到输入模块的 I0.0 通道，停止按钮连接到输入模块的 I0.1 通道，电动机连接到输出模块的 Q0.0 通道。

5. 梯形图编程示例详解

假设要实现一个控制系统，当按下起动按钮（I0.0）时，电动机（Q0.0）起动；当按下停止按钮（I0.1）时，电动机停止运转。下面是具体的梯形图编程步骤。

1）在 TIA Portal 中创建新项目并添加 PLC 设备。

2）打开主程序块 OB1，进入梯形图编辑器。

3）插入常开触点、常闭触点和线圈：从工具栏中拖动常开触点到梯形图网络，设置地址为 I0.0（起动按钮）。从工具栏中拖动常闭触点到常开触点的右侧，设置地址为 I0.1（停止按钮）。从工具栏中拖动线圈到常闭触点的右侧，设置地址为 Q0.0（电动机）。

4）插入保持电路：在第一行的线圈 Q0.0 的下方新建一行。从工具栏中拖动常开触点到新行，设置地址为 Q0.0（电动机），并连接到常闭触点 I0.1 的前端。

通过上述编程过程，实现了一个基本的起动—停止控制逻辑。起动按钮按下后，电动机起动并通过保持电路保持运行状态；停止按钮按下后，电动机停止运转。这个例子展示了梯形图与 I/O 模块之间的关系，帮助读者理解如何通过梯形图编程实现一个简单的控制逻辑。

5.3.4　电子产线 PLC 编程案例

1. 控制需求概述

工厂环境中，有一台电动机控制的风扇用于换气。出于简化操作的目的，仅设置一个按钮 SB1 来控制电动机的起动与停止。

1）首次按下按钮 SB1 时，电动机 M1 开始运行。

2）再次按下按钮 SB1，电动机 M1 停止工作。

3）重复上述操作，实现电动机的起停循环控制。

2. I/O 端口分配明细

以下是详细的 I/O 端口分配信息。

输入端口：SB1 接 I0.0（用于控制起停）。

输出端口：KA1 接 Q0.0（控制电动机 M1）。

3. 操作流程图解

操作流程图如图 5-6 所示。

4. 编程示例

梯形图编程示例如图 5-7 所示。

通过上述编程过程，实现了一个基本的起动—停止控制逻辑。按下起动按钮后，电动机起动并通过保持电路保持运行状态；按下停止按钮后，电动机停止运转。这个例子展示了梯形图与 I/O 模块之间的关系，帮助读者理解如何通过梯形图编程实现一个简单的控制逻辑。

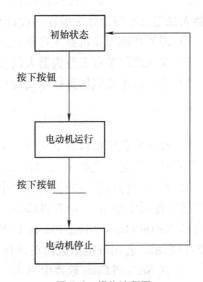

图 5-6　操作流程图

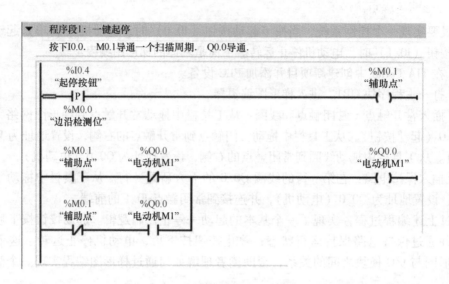

图 5-7　梯形图编程示例

5.4　手机壳检测电子产线集成设计案例

5.4.1　设计目的

本平台结合西门子博途 V15 软件、PLCSim 软件和自行开发的虚拟仿真软件，建立了完整的虚拟 PLC 与虚拟仿真联合控制系统。基于该平台，学生需实现自主搭建机器人工位、机器人视觉引导控制算法编程、设计基于 PLC 的自动化产线节拍控制程序并调试。

1）理解智能工业机器人自动化产线的工艺设计流程。

2）深入理解带有工业机器人的多设备集成系统通信与控制的基础知识。

3）学习运用虚拟仿真技术实现自动化产线系统的控制编程与调试。

5.4.2　虚拟 PLC 与仿真环境通信及调试

1）在仿真程序根目录下找到 NetToPLCsim. exe，右键单击选择属性，选择兼容性，勾选"以管理员身份运行此程序"，如图 5-8 所示。

2）在虚拟仿真平台的仿真设置中单击控制方式，选择 PLC 控制，如图 5-9 所示。再在通信接口选项中单击"NetToPLCsim"，打开 NetToPLCsim. exe 软件，如图 5-10 所示。若出现启动 NetToPLCsim 出现 102 端口被占用的情况，单击"是"，暂时停止 102 端口，如图 5-11 所示。若出现提示成功对话框，单击"OK"，如图 5-12 所示。

3）在 NetToPLCsim 软件中单击"File"，单击"Open"，在仿真程序根目录下找到 Net-ToPLCsim/plc. ini 文件，如图 5-13 所示，打开 plc. ini 文件。

4）在 NetToPLCsim 软件中选中刚添加的 PLC 站，单击"Modify"，单击"Network IP Address"后面的按钮，选择自己计算机的网卡地址，单击"OK"，如图 5-14 所示。

图 5-8 NetToPLCsim 管理员设置

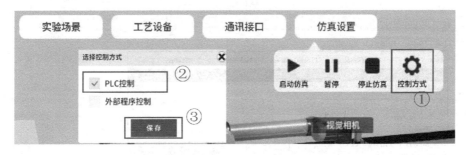

图 5-9 选择仿真控制方式

图 5-10 打开 NetToPLCsim 软件

图 5-11　暂停 102 端口

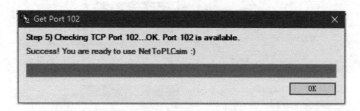

图 5-12　102 端口连接成功

图 5-13　打开 plc. ini 文件

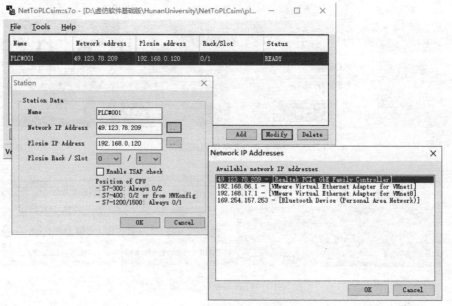

图 5-14　PLC 站 IP 设置

5）打开 TIA Portal V15 软件，选择并打开编写的 PLC 程序项目文件，如图5-15所示，再单击"打开项目视图"，如图5-16所示。

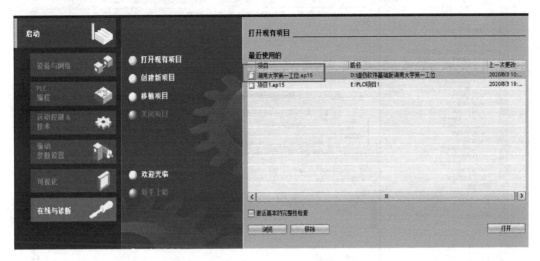

图 5-15 打开项目文件

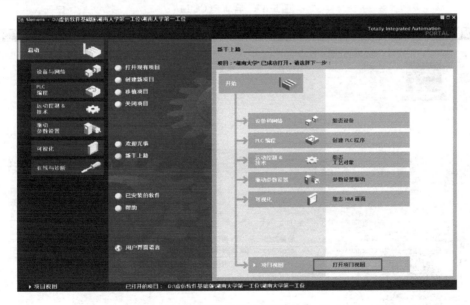

图 5-16 打开项目视图

6）在项目树中找到程序块，单击"Main［OB1］"打开 PLC 程序，再单击软件上方开始仿真按钮，启动 PLCSIM，弹出提示对话框，单击"确定"，如图5-17所示。若需配置访问节点，则选择接口类型及接口（默认选择类型 PN/IE，接口 PLCSIM），单击"开始搜索"，选择搜索到的 PLCSIM，单击"下载"，如图5-18所示。弹出装载 PLC 程序窗口后单击"装载"，如图5-19所示。弹出装载结果后，单击启动模块后的动作框，选择启动模块，最后单击"完成"，如图5-20所示。

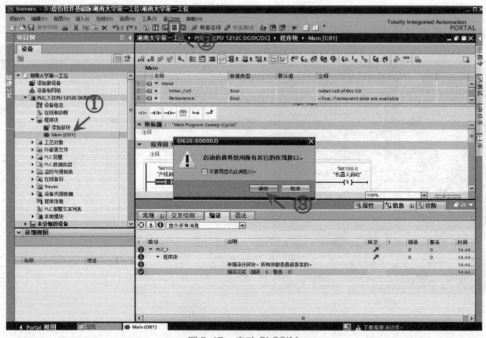

图 5-17　启动 PLCSIM

126

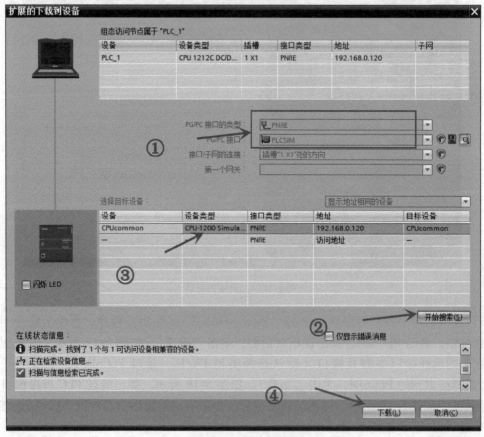

图 5-18　配置访问节点

……

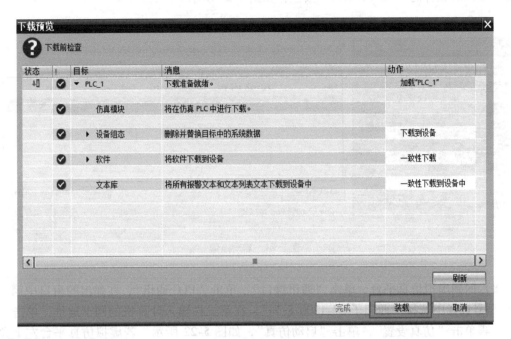

图 5-19 装载 PLC 程序

……

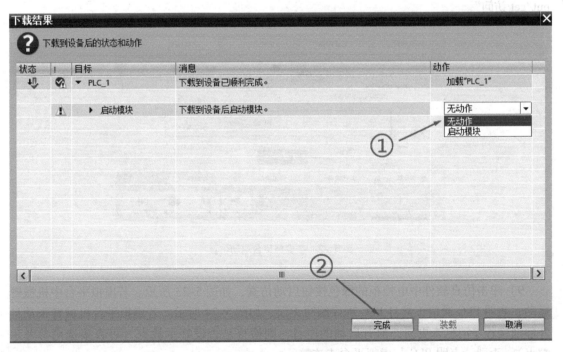

图 5-20 下载结果界面

7）检查 PLCSIM 是否处于运行状态（显示绿灯），若未运行，则单击"RUN"，再单击 NetToPLCsim 软件的"Start Server"按钮，如图 5-21 所示。

图 5-21　启动通信

8）回到虚拟仿真平台，单击"通讯接口"，单击"PLC 通讯"，在弹出的窗口中第一栏 PLC 型号选择中选择"西门子 S7-1200 系列"，在第二栏输入计算机的网卡地址，单击"保存"，再单击"仿真设置"，单击"启动仿真"，如图 5-22 所示。若虚拟仿真平台左上角显示 PLC 连接成功，表明通信已连接，若显示 PLC 连接失败，则进行以下检查：①IP 地址是否为本机 IP 地址；②网卡是否起作用；③博途软件中 PLC 属性设置是否开启了"允许远程 put/get 访问"。

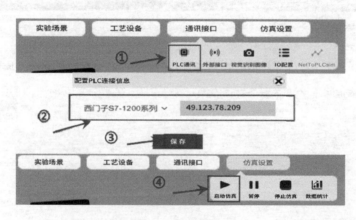

图 5-22　在虚拟平台启动仿真

9）单击仿真软件中电控柜的绿色按钮启动仿真，如图 5-23 所示。若虚拟平台中机械臂运动，表明 PLC 通信正常且 PLC 程序编写无误，如图 5-24 所示。若虚拟平台机械臂未动且外部通信程序消息未更新，但有启动的声音，则检查是否设好示教点（可直接选用参考示教点）。否则，表明 PLC 与虚拟平台未连接。

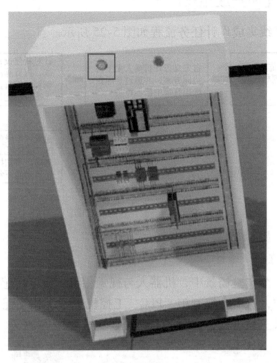

图 5-23　启动仿真

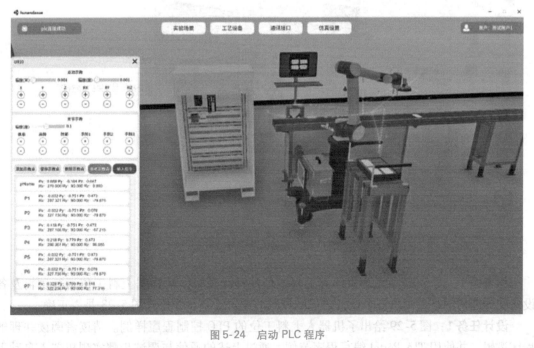

图 5-24　启动 PLC 程序

5.4.3 手机壳检测电子产线集成设计

手机壳检测电子产线集成设计任务流程如图 5-25 所示。

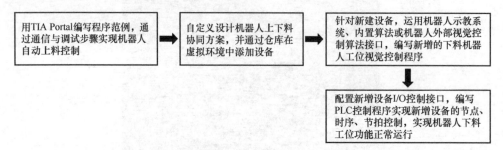

图 5-25 设计任务流程图

1. 机器人上料工位程序设计

在软件提供的第一个实验场景中,机器人与视觉相机、光电传感器、传送带等硬件系统构成了机器人上料工位,机器人控制柜、PLC、工控机等系统相互配合使得相关硬件设备协调合作,完成了机器人上料过程,如图 5-26 所示。

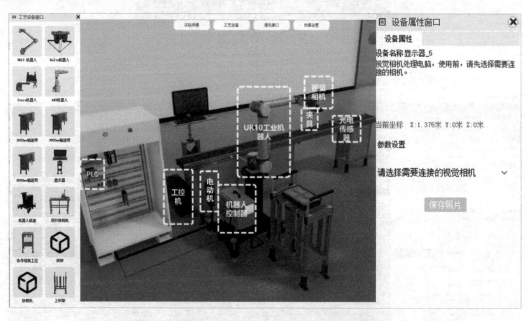

图 5-26 机器人上料工位组成

思考题 1: 图 5-27 所示为机器人上料工位的运行逻辑,请根据上料工位运行逻辑及各设备间的通信网络,画出各个设备之前的控制的逻辑关系,并检查图 5-28 是否正确。

设计任务 1: 图 5-29 给出了机器人上料工位的 PLC 控制程序样例。请读者阅读并理解程序逻辑,并使用 TIA Portal 编写程序范例,通过上述的通信与调试步骤实现机器人自动上料控制。

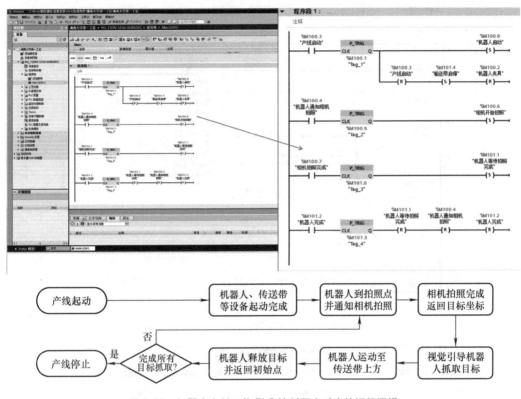

图 5-27　机器人上料工位 PLC 控制程序对应的运行逻辑

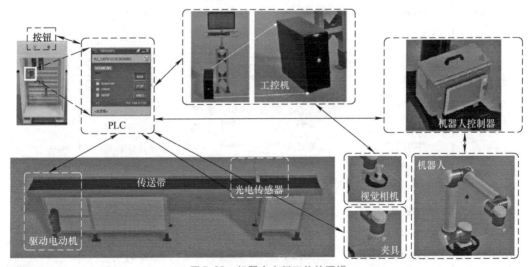

图 5-28　机器人上料工位的逻辑

机器人及其他设备 I/O 地址表如图 5-30 所示，其中包括 UR10 机械臂的多个信号地址，另外还有输送带、光电传感器、按钮、相机、夹具等设备的通信地址。读者可对应图 5-28 与图 5-29 中的地址思考，并理解其中的对应关系。

2. 机器人上下料产线设计

思考题 2：机器人下料是指通过机器人实现加工完成的物料（手机壳）的搬运，即将物

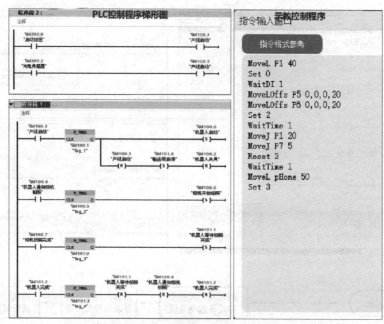

图 5-29　机器人上料工位的 PLC 程序与机器人控制指令

I/O通信地址表

设备名称	信号功能	数据类型	通信方式	IO地址
UR10(1)	启动	Bool	读	M100.0
UR10(1)	通知相机拍照	Bool	写	M100.4
UR10(1)	等待拍照完成	Bool	读	M101.1
UR10(1)	通知夹具抓取	Bool	写	M100.2
UR10(1)	机器人完成	Bool	读	M101.2
UR10(1)	信号4	Bool	读	输入地址
UR10(1)	信号5	Bool	读	输入地址
UR10(1)	信号6	Bool	读	输入地址
UR10(1)	信号7	Bool	读	输入地址
输送带3.6米(2)	启动	Bool	读	M101.4
输送带3.6米(2)			读	输入地址
光电传感器(9)	检测到产品经过	Bool	写	M200.0
绿色按钮(10)	按下按钮信号	Bool	读	M200.0
红色按钮(11)	按下按钮信号	Bool	写	M200.1
视觉相机(12)	开始拍照	Bool	读	M100.6
视觉相机(12)	拍照完成	Bool	写	M100.7
双真空吸附工具	电磁阀信号	Bool	读	M100.2

图 5-30　机器人上料工位的 I/O 通信地址表

料从传送带搬运至指定存放位置（如托盘）。如何实现下料过程，需要读者综合运用前述学习知识，如图 5-31 所示重新设计机器人下料工位及工艺流程，实现多类型新旧设备的互联互通，并运用机器人轨迹规划与控制、视觉检测与定位引导、PLC 控制等方法技术，编写相应控制程序，完成多系统协同控制。

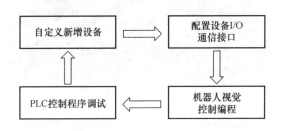

图 5-31　自定义新增设备与生产线虚拟调试环境

设计主要包括如下 3 个部分：①机器人下料工位工艺自由设计；②下料机器人视觉控制算法编程；③机器人下料工位 PLC 控制的虚拟调试。以下为简要的步骤示例，并不包含完整的设计指导，需读者自主思考完成。

1）打开并登录虚拟实验平台，进入实验场景一，思考在传送带末端建立机器人下料工位（见图 5-32）。打开工艺设备窗口，根据自定义设计方案添加设备（如机器人、光电传感器、执行末端、物料仓库等）。运用新增设备组合搭建机器人下料工位，并思考下料工艺流程。

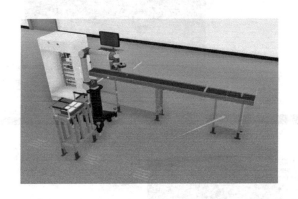

图 5-32　机器人下料工位建立点

2）**设计任务 2**：根据机器人下料任务要求，自定义设计机器人上下料协同方案，并通过仓库在虚拟环境中添加设备，如图 5-33 所示。

3）**设计任务 3**：针对新建设备，运用机器人示教系统（见图 5-34）、内置算法或机器人外部视觉控制算法接口（见图 5-35），编写新增的下料机器人工位视觉控制程序。

4）**设计任务 4**：如图 5-36 所示，配置新增设备 I/O 控制接口，编写 PLC 控制程序实现新增设备的节点、时序、节拍控制，通过反复调试与修正设计工艺与控制程序，实现机器人下料工位功能正常运行。

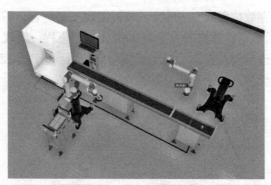

图 5-33　自定义新建方案

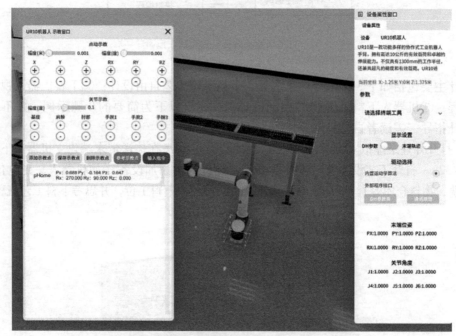

图 5-34　可通过示教命令控制新建机器人

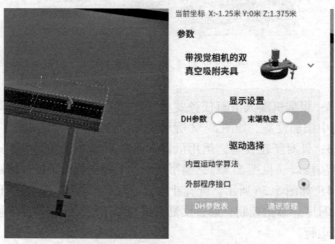

图 5-35　可通过外部接口实现视觉控制算法自主编程

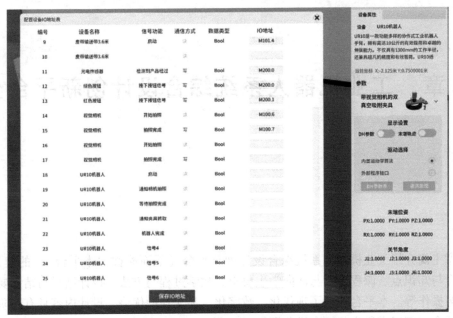

图 5-36　可运用新增设备的 I/O 地址连接 PLC

5.5　综合创新设计内容

本书使用的仿真平台在机器人上料场景的基础上，还提供了多个实验与实践场景，包括三维视觉缺陷检测、多机器人协作装配与完成电子产线全流程虚拟调试等，读者可结合仿真平台及网站上更新的学习资料与视频，实现机器人自动化产线的创意设计与实践，不断加强理论认知与动手能力。另外，可以通过运用真实的 PLC 与仿真软件相联通，实现运用真实控制器控制仿真产线的硬件在环仿真（见图 5-37）。

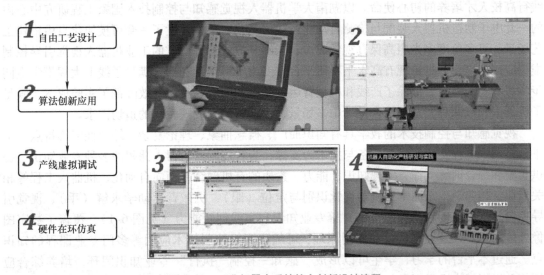

图 5-37　工业机器人系统综合创新设计流程

135

第6章　工业机器人系统综合设计创新平台介绍

6.0　绪论

本章主要介绍工业机器人系统综合设计创新平台（下面简称"本平台"）的建设背景、原理简介与知识点、课程课时与面向学生要求、教学过程与方法、设计结果与结论要求、基础认知与操作等。本平台体现了现代化、数字化、易交互的优势，设计内容具有高阶性与挑战性，适合高年级本科生的综合进阶训练。

6.1　平台建设背景

制造业是立国之本、兴国之器、强国之基。工业机器人是制造业皇冠上的明珠，在制造强国建设中，机器人新工科人才的需求缺口巨大。视觉引导与控制是新一代工业机器人智能化、柔性化发展的前沿关键技术，具有应用场景广泛、理论复杂抽象、系统综合性强等特点，相关人才培养亟需一套能够多场景保真覆盖、多知识点融合实践的在线仿真教学平台。

本平台可真实灵活重现机器人自动化产线中的多种复杂工程应用场景，科研反哺教学，践行高校人才培养的初心使命。以湖南大学机器人视觉感知与控制技术国家工程研究中心内的一套电子制造机器人装配与检测自动化产线为工艺对象，开发了一套可模块化自由搭建工艺场景、可多角度多光照高保真视觉成像、能够开放式编程调试的工业机器人视觉引导控制虚拟应用环境。通过将现有高水平科研平台转变为本科教学利器，满足了线上大规模学生同步学习和实训需要，消除了产线和机械臂运动带来的安全隐患，有效降低了实验成本，满足了机器人领域课程实践与综合设计中多场景、多任务的开放式教学的迫切需求。

视觉感知与控制技术的教学具有知识面广、概念抽象、理论复杂、综合性强等特点。本平台以国家工程实验室先进装备与技术为支撑，为智能制造机器人课程的多种专业知识，提供实验和综合训练支撑，实现知识、能力、素质的有机融合，面向自动化、机器人工程等相关专业，培养学生全面掌握机器视觉识别与定位（眼）、机械臂运动学求解（手）、视觉引导控制算法集成创新与应用（脑）等专业知识和实践创新能力（见图6-1），覆盖了数字图像处理、机器人及控制、自动控制原理、可编程逻辑控制技术应用等多门专业课程的知识点。通过本平台的学习，学生可以形成"感知—控制—执行"专业知识闭环，培养综合应用相关知识解决视觉引导与控制实际复杂工程问题的能力。本平台可作为自动化、机器人工程、人工智能等新工科专业的一套开放度高、前沿性强、挑战度大的综合设计教学平台。

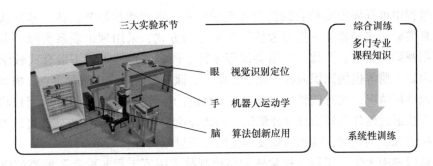

图 6-1 通过三大实验环节形成系统性综合训练

　　本平台秉承"虚实结合、科教相长、持续改进、开放共享"的服务理念，充分考虑学生个性化需求，教学内容循序渐进，教学模式虚实结合，人机交互界面友好，将复杂枯燥的知识学习寓教于乐，融合到逼真的仿真环境交互体验中去。

　　如图 6-2 所示，知识点设置由易到难，基础设计任务与拓展性设计任务呈递进关系。第一层为"电子产线基础认知与操作"：训练学生熟悉和认知机器人产线软硬件平台、视觉及控制算法原理与功能参数。第二层为"机械臂视觉引导控制理论学习与实验"：首先，引导学生完成机器人视觉引导控制的基础理论学习；其次，基于产线单工位环境和需求，自主设计编程实现视觉检测、定位和六轴机械臂运动控制等算法；最后，按照接口标准连入虚拟仿真系统进行测试验证。第三层为"视觉控制算法在开放式产线中的拓展应用"：训练视觉引导控制算法在电子产线中的创新实践能力，包括机器人产线新工位的自由搭建、产线逻辑控制方案设计、视觉控制算法在不同工位的应用设计与虚拟调试等，形成具有个性化、创新性和挑战度的实验结果。

137

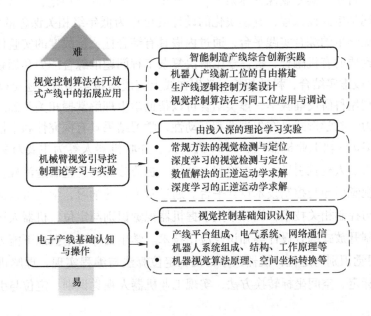

图 6-2 分层递进式教学内容设计

　　教学过程中可开展虚实结合的混合式教学模式。主要教学环节包括"基础认知—理论授课—仿真实验—实操验证—报告考核"相结合的方式，采用理论联系实际、虚实结合的方式，运用视频、文本、图像、网络会议等多种手段，实现线上线下混合式教学，通过网站、软件内置手册等提供知识内容。课前、课中、课后分阶段突出教学重点，根据学生实验进度及知识掌握情况，实时调整教学方案。仿真设计任务完成较好的学生，可以将仿真环境下开发的算法通过硬件在环仿真验证测试，如此理论与实践相结合的方式，可以加深学生对视觉引导控制知识的理解，鼓励和激发学生的创新思维。

　　本平台以湖南大学"机器人视觉感知与控制技术国家工程实验室"的高端电子装配机器人自动化生产线为蓝本，运用数字孪生、人工智能、Unity3D 和 3D Studio Max 等技术，真实还原了电子产线中的工业机器人视觉引导上下料、视觉缺陷检测、AGV 物料运输等场景。其先进性论述如下。

　　1）仿真保真度高、拓展性强。仿真实验运用数字孪生技术 1:1 真实还原了国家工程研究中心内的一套实际机器人电子装配产线；可实现任意角度、不同光照条件，机械臂"眼在手上"模式的高保真视觉成像；采用专业的 Unity3D 引擎进行六轴机械臂仿真建模，采用 3D Studio Max 进行高分辨率三维动画渲染和制作，上述先进技术手段保证了系统具有高保真的场景呈现能力。同时系统开放性强，学生可以自行选择、添加、配置实验设备，完成多场景、多任务的机器人自动化产线搭建。系统拓展性高，具有丰富的二次编程接口，并可与专业编程工具及工业控制软件拓展连接，在基础实验上设置了具有扩展性、前瞻性和挑战性的个性化仿真任务，为培养学生解决复杂工程问题的能力提供了优良实验条件。

　　2）知识内容具有前沿性和综合性。围绕"视觉引导与控制"新一代工业机器人智能化、柔性化发展的核心关键技术进行教学设计，内容具有前沿性、时代性和创新性。另一方面，课程融合了自动化类专业课程体系中多个知识点，可面向自动化、机器人工程、人工智能等专业的不同学生开设课程，其模块化的设计既可作为低年级相关课程的实验实践环节，也可作为高年级学生的综合实践平台，通过内嵌具有综合性、挑战度的实验任务，培养学生实现知识能力素质的有机融合，提高学生解决复杂工程问题的综合能力和创新实践能力。

　　3）教学手段虚实结合，科教相长。学生在线上完成虚拟实验后，还可硬件在环仿真进行算法验证，利用科研反哺教学，虚实结合可以帮助学生理解掌握相关基础理论，提高学生的实践动手能力。教学形式具有先进性和互动性，学习结果具有探究性和个性化。

　　实验以 UR10 六轴工业机器人、Delta 机器人、并联机器人等为主要对象，配套其他产线设备仿真了机器人视觉引导上料、检测、装配、物流分拣的完整制造流程，设计了一套开放式的机器人视觉引导与控制技术设计平台。通过对平台的学习，学生可以深入掌握工业机器人视觉引导与控制相关技术，训练学生掌握机器视觉识别与定位、机器人运动控制、机器人视觉引导控制开放式综合设计等知识与应用技术。学生具体可掌握以下能力。

　　1）机器视觉识别与定位：机器人单目视觉定位算法与编程实现。理解机器视觉算法原理，掌握相机标定、空间坐标转换方法，实现工业机器人视觉识别、定位与引导算法的编程与应用。

　　2）机器人运动学求解：工业机器人运动学控制基础理论与算法实现。理解工业机器人系统的组成、结构、工作原理，掌握工业机器人的正逆运动学求解与控制算法编程实现。

3）开放式机器人视觉引导控制综合设计：结合前两个知识点学习，将视觉引导控制算法在电子制造自动化系统上进行自主设计与集成应用。了解智能制造生产线的基本构成、设备通信方式与工艺流程设计，掌握工业机器人自动化系统的自由搭建、节拍控制与视觉控制算法的集成应用。

6.2　原理简介与知识点

本平台涉及的原理主要包括 3 个部分，即机器视觉识别与定位、机器人运动学求解、开放式机器人视觉引导控制综合设计。

6.2.1　机器视觉识别与定位

在视觉感知及定位系统中，目标识别算法操作的对象是由像素构成的图像，通过图像的分析和处理，识别并定位目标在图像中的像素位置。此过程中，需将目标的像素坐标系转换成世界坐标，以对应真实物理世界的位置。实际视觉定位过程中，实际涉及 4 个坐标系的变换关系，即世界坐标系、相机坐标系、图像坐标系和像素坐标系，它们之间的转换主要通过坐标系旋转和平移来计算，对应为相应的变换矩阵进行相乘，最终可获得像素坐标与世界坐标的对应关系，如图 6-3 所示。

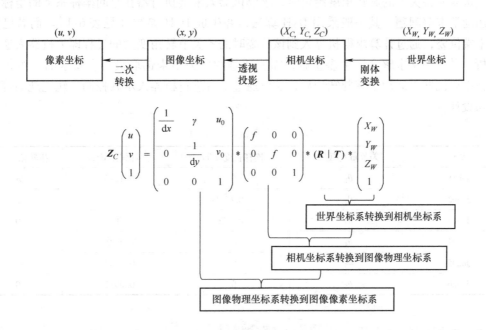

图 6-3　视觉坐标系转换

模板匹配是数字图像处理的重要组成部分之一，是典型的基础视觉识别方法。模板匹配就是在一幅已知存在最终目标的大图像中搜寻结果，且该目标同模板有相同的尺寸、方向和图像，通过一定的算法可以在图中找到目标，确定其坐标，如图 6-4 所示。

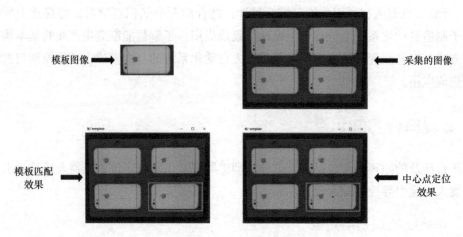

图 6-4　模板匹配示意图

6.2.2　机器人运动学求解

机器人运动学主要研究的是机器人本身的位描述与控制，其包括机器人某关节或末端执行器的位置和姿态，其坐标系的变换也采用旋转矩阵来表示。机械臂可以看作是由一系列连杆通过关节连接而成的一个运动链，用连杆参数描述机构运动关系的规则称为 D-H 参数。

当机器人各关节的旋转角度给定时，求解机器人末端执行器在空间坐标系下的坐标就是正向运动学求解问题，其一般采用 D-H 算法，并生成 D-H 参数（见表 6-1）。而若已知机器人末端位姿，通过计算求得机器人到该位姿时的各关节转角变量的过程即为机器人逆运动学分析。逆运动学求解会产生多重解，需要通过约束关系来选取最符合要求的一组作为逆解。在掌握机器人运动学基础知识后，还可通过平台进行机器人示教控制、轨迹规划等进行学习与设计。

表 6-1　UR10 机器人 D-H 参数

关节	关节角 θ_i/(°)	连杆长度 a/m	连杆偏距 d/m	扭转角 α/(°)
Joint1	θ_1	0	0.1273	90
Joint2	θ_2	-0.6120	0	0
Joint3	θ_3	-0.5723	0	0
Joint4	θ_4	0	0.16394	90
Joint5	θ_5	0	0.1157	-90
Joint6	θ_6	0	0.0922	0

6.2.3　开放式机器人视觉引导控制综合设计

综合设计主要包括机器人及设备选型、产线搭建、工业控制通信、可编程逻辑控制等技术原理。在可自由设计、搭建机器人自动化产线的环境中，灵活重现机器人自动化产线中的复杂工程场景。采用可编程逻辑控制器（PLC）作为产线级控制设备，常用编程语言为梯形图（见图 6-5）。实验运用 PLC，通过 I/O 通信的方式，将设备的 I/O 地址与控制程序对应

（见图 6-5），实现产线中多台设备的串联。设计 PLC 控制程序，确定不同设备起停的时间、动作的节拍顺序，从而实现产线的整体逻辑控制。

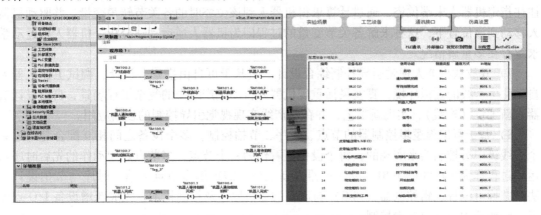

图 6-5　PLC 梯形图编程及对应的虚拟设备 I/O 地址表

主要知识点包括以下几点。

1）视觉坐标系与坐标转换。世界坐标系为表示物体在真实世界中的坐标而引入的三维世界的坐标系，相机坐标系为以相机为原点出发去描述目标位置，图像坐标系表示可物体成像过程中从相机到图像平面的投影透射变换，像素坐标系表示成像后的目标像点在数字图像中的实际位置。实现机器人视觉引导控制，需理解世界、相机、图像、像素坐标系的定义和物理含义，掌握坐标系转换的数理模型及方法，能根据像素坐标位置解算出其世界坐标，为机器人抓取提供位置信息。

2）常规视觉目标匹配识别。寻找待匹配图像和全体图像中最相似的部分，常用于物体检测任务。把不同传感器或同一传感器在不同时间、不同成像条件下对同一景物获取的两幅或多幅图像在空间上对准，或根据已知模式到另一幅图中寻找相应模式的处理方法就叫作模板匹配。实现机器人对目标的定位，需分析相机成像现场的环境影响因素，学习面向匹配识别的图像处理和特征提取方法，实现工件目标的匹配识别和定位。

3）基于深度学习的视觉目标识别。深度学习是学习样本数据的内在规律和表示层次，这些学习过程中获得的信息对诸如文字、图像和声音等数据的解释有很大的帮助。深度学习是一个复杂的机器学习算法，在语音和图像识别方面取得的效果，远远超过先前相关技术。掌握深度学习样本制作与标记的方法，能参照 R-CNN 或 YOLO 等主流深度学习框架设计本实验的目标识别算法，实现工件目标检测与定位。

4）工业机器人连杆参数建模及其 D-H 表格建立。机械臂可以看作由一系列刚体通过关节连接而成的一个运动链，将这些刚体称为连杆。机械臂的每个连杆可用 4 个运动学参数来描述，其中两个参数用于描述连杆本身，另外两个参数用于描述连杆之间的连接关系。机器人运动学学习中需理解机器人的关节构型、杆件参数的定义，建立机器人连杆模型，运用 D-H 表格建立机器人坐标系。

5）工业机器人示教控制。示教是指通过指令一步一步操作机器人运动，让机器人按照操作的路径行走，并将路径保存。通过示教，机器人可自动执行保存的路径。学习机器人示教，理解机器人示教器的设计与机器人控制的调试方法。

6）工业机器人运动学求解。利用解析方式获得机器人关节变量空间和机器人末端执行器位置和姿态之间的关系，即机械臂正、逆运动学分析。当机器人各关节的旋转角度给定时，求解机器人末端执行器在空间坐标系下的坐标就是正向运动学求解问题。在实际应用中往往指定机器人末端位姿，通过计算求得机器人到该位姿时的各关节转角变量，并驱动机器人移动到该位置下，这种求解各关节变量的过程即为机器人逆运动学分析。机器人拟运动学求解存在多重解情况。

7）开放式机器人视觉引导控制综合设计。指基于可自由搭建、设计、调试工业机器人自动化生产线的虚拟环境，真实灵活重现机器人自动化产线中的复杂工程场景，自由设计机器人新工位（产线）、实现新工艺，并在新产线实现视觉引导控制的创新应用。

8）基于可编程逻辑控制器的节点、时序、节拍控制。多个设备之间相互配合是通过一个产线级中央控制器来实现的，每个设备可看作为一个节点，多节点之间动作的先后时序与运动过程称为生产线的节拍。设计机器人新工位，需理解多节点通信、时序与节拍设计方法。掌握可编程逻辑控制器（PLC）与设备的通信原理及控制技术，完成新增设备 I/O 点配置、动作节拍设计及逻辑控制。

6.3 课程课时与面向学生要求

6.3.1 基于仿真平台独立开设的课程

开设独立课程"工业机器人系统综合设计"（2学分，32 课时），建议授课方式采用教师教学（16 课时）+学生自主线上学习并完成实验（12 课时）+线下操作汇报（4 课时）的方式，并根据实验过程及实验报告给出综合成绩评价。

6.3.2 面向学生要求

1. 专业与年级要求

面向专业：自动化、机器人工程、人工智能、电子信息工程等专业。
年级要求：大二及以上学生。

2. 基本知识和能力要求

1）高等数学、线性代数等相关基础数学知识。

2）参加过机器人建模与控制、计算机视觉、机器学习、自动控制原理、PLC 编程与控制技术等相关课程。

3）掌握机器人运动学、机器视觉、动力学相关知识，以及坐标系建立、坐标变换、参数定义等基础知识。

4）理解程序的结构和思想，具有编程实现算法的基本能力；熟悉 C#、Python、Open CV 等程序语言与编程工具。

5）具有可编程控制技术基础，熟悉 Siemens PLC 及编程。

6.3.3 仿真所需软件包说明

为实现该仿真软件平台的相关功能，需要下载相应的软件安装包，并正确安装在系统中。计算机支持 Windows 7 以上操作系统，显卡配置应在中等以上，台式机的流畅性更优。

仿真实验系统所需软件见表6-2。

表6-2　综合设计需使用的软件列表

编号	软件名称	备注	对应实验环节
1	Hunandaxue（V + FACTORY）	虚拟仿真软件主体（实验网站下载）	环节1. 机器视觉识别与定位 环节2. 机器人运动学求解 环节3. 开放式系统综合设计
2	Visual Studio[①]	C#语言编程工具	环节1. 机器视觉识别与定位 环节2. 机器人运动学求解
3	Python/MATLAB[①]	深度学习编程工具	环节1. 机器视觉识别与定位 环节2. 机器人运动学求解 环节3. 开放式系统综合设计
4	西门子博图 TIA Portal V15、PLCSim[①]	PLC 编程工具与虚拟控制器	

① 商用软件需自行购买安装。

对于本仿真实验的基础任务，用户仅需从实验网站下载。虚拟仿真实验软件包。对于拓展挑战性任务，用户还需下载如下软件：

1）Visual Studio 软件，用于视觉检测与定位、正逆运动学求解等算法自主编程（用户自行购买安装）。

2）外部通讯程序框架（平台网站下载，包括自主编程的程序框架）。

对于开放性综合设计任务，除上述软件外，用户还需下载：

1）西门子博途 V15（SIEMENS PORTAL V15，用户需自行购买安装）。

2）PLCSim 软件（博途软件自带该软件，用户需自行购买安装）。

3）NettoPLCsim 程序（网站主页下载）。

6.4　教学过程与方法

本设计平台围绕"虚实结合、科教相长、持续改进、开放共享"的理念，深度还原了真实机器人教学过程的要求、原理、知识点与操作环节，充分考虑学生个性化需求，设置了开放性、扩展性、前瞻性的仿真设计内容，内容设置由浅入深、由易到难，实验知识点及任务具有挑战性。

6.4.1　教学过程

1. 教学准备

基于湖南大学机器人视觉感知与控制技术国家工程研究中心实际电子制造自动化实验产线进行数字孪生建模开发。如图6-6所示，该电子制造机器人自动化产线设备包括工控交换机（研华510）、变频器（Delta VDF- EL）、可编程逻辑控制器（Siemens 1200）、UR10 机器人控制器、视觉处理工作站（研华510）、视觉相机（Basler）等。在正式开始实验前，在虚拟环境认知机器人产线，可使学生更有效、直观地了解机器人自动化产线的机械结构、电气系统组成。

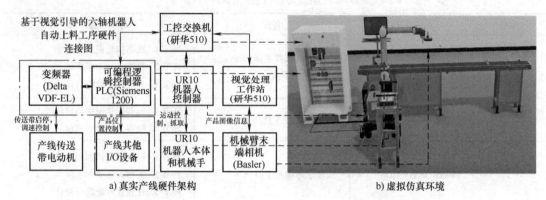

图 6-6　电子产线机器人控制系统与仿真环境的映射

2. 虚实结合的混合式教学模式

教学过程基于虚实结合的混合式教学模式，科研反哺教学，采用由浅入深、虚实结合的方法引导学生学习基础理论与实现方法。主要教学环节包括基础认知、理论授课、仿真实验、实操验证、报告考核，采用理论联系实际、虚实结合的方式，实现线上线下混合式教学。实验由易到难，由实际产线认知过渡到虚拟仿真设计，再通过虚拟调试的方法改进工艺方法。

运用视频、文本、图像、网络会议等多种手段，实现线上线下混合式教学，通过网站、软件内置手册等提供知识学习内容（见图 6-7）。以学生为中心，课前、课中、课后分阶段突出教学重点，根据学生设计进度及知识掌握情况，实时调整教学方案。

图 6-7　平台网站提供丰富的学习资料与实验指导

3. 基础性任务与拓展性任务相结合

将设计内容分为基础性任务与拓展性任务两个部分。基础性任务偏向于机器人及控制系统基础认知、原理学习与实验操作。拓展性任务在认知操作的基础上，赋予自由度更好的知识训练要求，例如指定机器人完成特定类型的任务，但不限于具体的位置、角度与抓取对象等，学生为完成特定任务，应自主完成视觉算法、机器人正逆运动学求解、机器人控制编程等知识点的训练，以促进学生由浅入深、循序渐进地理解相关知识点。设计任务具有开放性强的特征，设计结果个性化特征明显。

4. 数据统计与考核评价

设计成绩分为客观分与主观分两个部分，设计结束后，虚拟仿真软件自动统计基础任务客观成绩。拓展性实验任务成绩通过学生在线提交的设计报告、自主编写的机器人视觉引导与控制程序、PLC 控制程序等资料进行评估。设计完成后，从操作过程、结果统计、报告撰写、创新能力、编程能力五个维度给出学生的综合性评价。

6.4.2　设计方法

对于全体学生，可以线上自主开展虚拟仿真设计。知识内容由教师教学，学生研读教材、学习资料、设计手册及演示视频等，充分理解设计步骤后利用仿真平台进行实验实践。对于湖南大学本校学生，除了线上仿真外，还可以预约实验室进行实验线参观认知，并进行操作实验。具体方法特点如下。

（1）线上互动实验，实现基于虚拟控制器与虚拟工厂的工业机器人系统综合设计　学生按照知识点安排，按设计指导逐个完成设计要求。通过自主选择学习时间、地点，完成仿真环境配置、线上学习和仿真实践，并可通过线上分数采集、报告提交与反馈等环节，与指导教师在线互动（见图 6-8）。

（2）贴近工程实际的虚拟调试实验方法　项目采用从现场参观认知到虚拟仿真环境的过渡方式。从实际中来，加深对虚拟仿真环境的理解。通过认知真实生产线的组成、机械结构、电气系统与网络通信方式，映射到虚拟环境中的各个模块，解决了对于较为抽象的虚拟系统的初步认知困难。

在完成系统基础认知之后，本平台从实际工业控制系统开发的先进流程出发，将实验分为"虚拟对象-虚拟控制器""虚拟对象-真实控制器""真实对象-真实控制器" 3 种模式（见图 6-9）。前两种模式中，分别支持虚拟控制系统、实体控制系统（PLC）对仿真实验系

图 6-8　学生自主线上学习

统的控制，可分别通过实体/虚拟控制器与仿真系统连接，完成虚实仿真实践。通过虚拟控制系统连接仿真实验环境，支持通过虚拟 PLC 对仿真对象的控制。通过实体 PLC 连接计算机中的仿真环境，将实体控制器与仿真环境相结合，完成实体控制器控制虚拟仿真对象的半事物仿真（Hardware-in-the-loop，硬件在环仿真）。第三种模式，在完成前期实验的基础上，可在实验室的实际产线中进行算法实践与实际控制器开发。

在虚拟工厂仿真实验中，可通过自主更改、新增、配置实验设备，调试并验证机器人集成系统控制程序，完成生产工序的优化改进。帮助学生反向思考改进实际机器人自动化产线

设计的方式方法，实现虚拟反哺实际。通过从实际走向虚拟，在虚拟中学习进步，进而反思实际中存在的问题，实现知识的进阶。

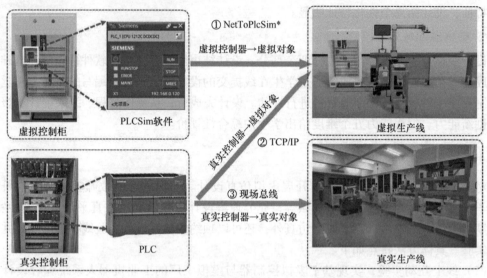

图 6-9　符合实际工业控制系统开发先进流程的 3 种实验模式

6.4.3　线上平台注册与登录

方式一：注册国家实验空间（http：//www.ilab-x.com/）账号，登录并搜索"电子产线机器人视觉引导与控制虚拟仿真实验"，进入本仿真设计平台主页（http：//www.ilab-x.com/details/2020？id＝6616&isView＝true）。

方式二：从"电子制造产线机器人视觉引导与控制虚拟仿真实验"网站 http：//robot.xnfzpt.hnu.edu.cn/进入后，网站登录页面如图 6-10 所示（建议使用 Chrome 内核浏览器）。注意记住自己的用户名与密码，登录仿真软件进行实验时会再次使用，对应到后台的成绩数据库。

图 6-10　网站登录页面

通过网站注册用户需按照实际情况填写相关信息，下拉菜单中有对应的选项，教师用户在学号位置可填写工号，如图 6-11 所示。

图 6-11　注册用户信息填写

注册成功后，单击"程序下载"，下载仿真平台软件安装包（.exe 文件），下载成功后双击安装软件，默认安装至"C 盘"，并可在桌面上创建快捷方式图标"虚拟仿真实验"（建议），如图 6-12 所示。在实验主页单击"启动仿真"按钮，即可启动仿真实验软件。

图 6-12　安装后软件快捷方式

运行仿真平台软件，如图 6-13 所示，单击右上角登录，输入注册的用户名和密码（如果通过国家实验空间进入本实验，可自动登录），实验数据（仿真时间、成绩等）将自动同步上传并保存至后台数据库。单击场景图片右上角的按键，开始仿真。

图 6-13   仿真平台软件登录界面

6.5   设计结果与结论要求

1）是否记录每步结果：☑是 □否。

2）结果与结论要求：☑设计报告 ☑心得体会 □其他。

3）其他描述：在虚拟仿真过程中，学生根据指导手册逐步进行，全面学习相关基础理论知识、实验流程、算法实现、工程实践方法等知识。系统能够记录学生的设计过程和相关数据，根据学生的基础操作、时长和结果进行分析，并给出评价。评价可作为教师对学生相关课程综合评价的重要依据。学生可登录网站并上传设计报告及编写的程序源码，教师可以通过后台登录，进行下载评阅及程序测试。

6.5.1   过程要求

记录学生完成实验操作步骤（见表 6-3），主要考查学生进行实验的正确与否。

表 6-3   操作记录表

序号	操作步骤	系统要求	操作记录内容
1	注册登录	注册账号、登录实验软件客户端	是否完成
2	知识学习	浏览视频、指导手册、学习资料等内容	是否完成
3	设置机器人视觉控制参数	设置视觉相机坐标、视觉引导机器人、配置机器人控制柜等	是否完成
4	自主编写视觉检测与定位算法	提供视觉算法编程通信接口	1. 是否完成 2. 是否提交程序
5	自主编写机械臂正逆运动学求解算法	提供机械臂运动学求解编程通信接口	1. 是否完成 2. 是否提交程序

（续）

序号	操作步骤	系统要求	操作记录内容
6	进行视觉引导控制	设置机器人视觉引导控制，完成动态演示	是否完成
7	自由设计与搭建机器人下料工位	提供虚拟工厂设备库，自由搭建机器人工位	1. 是否完成 2. 是否保存场景
8	机器人下料工位视觉引导控制算法编程	设置新的视觉检测与定位算法、机械臂正逆运动学求解算法、机器人运动控制指令	1. 是否完成 2. 是否提交程序
9	机器人集成系统 PLC 控制编程与调试	设置虚拟 PLC、PLC 控制通信协议、I/O 通信接口	是否完成
10	实验结果分析与提交	按记录内容完成评估	是否完成

6.5.2　结果要求

记录学生完成实验操作后获得的实验结果和相关数据（见表6-4），主要考查学生完成实验的优劣程度。

表 6-4　实验结果记录表

序号	实验操作	实验结果	操作结果形式
1	设置机器人视觉控制实验参数	设置视觉相机坐标、视觉引导机器人、配置机器人控制柜等	1. 参数设置值 2. 视觉成像图像 3. 机器人运动轨迹
2	视觉检测与定位算法编程	自主编写视觉检测与定位算法程序（开放式），结合机器人视觉引导系统完成算法验证	1. 模板匹配数据 2. 视觉定位数据 3. 程序代码
3	机械臂正逆运动学求解编程	自主编写机械臂正逆运动学求解程序（开放式），结合机械臂控制系统完成算法验证	1. 末端位置数据 2. 关节角度数据 3. 程序代码
4	试验完整视觉引导控制流程	采用如下两种方式： 1. 自主编写的机器人视觉引导算法、正逆运动学求解算法、运动控制指令 2. 软件预设的机器人视觉引导算法、正逆运动学求解算法、运动控制指令 控制机器人完成完整的上料流程，并进行对比	1. 参数设置 2. 机器人运动轨迹 3. 视觉定位结果图
5	自由设计与搭建机器人下料工位	利用虚拟工厂设备库，自由搭建机器人下料工位，并配置工业控制网络参数	1. 实验场景数据 2. I/O 通信点表
6	机器人下料工位视觉引导控制算法编程	自主编写视觉检测与定位算法、机械臂正逆运动学求解算法、机器人运动控制指令	程序代码
7	机器人集成系统 PLC 控制编程与调试	编写虚拟 PLC 控制程序，实现机器人集成系统节点、时序、节拍控制	1. 程序代码 2. 机器人运动轨迹 3. 视觉定位结果图

149

6.5.3 设计报告结论要求

1）根据设计场景，结合国家与产业需求，详述智能制造与工业机器人的背景。

2）详述设计的目的、准备过程与步骤。

3）详述视觉引导控制系统设置中参数选择的原因。

4）详述算法设计中的设计流程、编程思路和对应代码。

5）叙述设计过程中遇到的问题，以及相应解决问题的方法。

6）详述收获与心得体会。

综合上述内容形成设计报告，整理上传报告、程序代码等资料。

6.6 基础认知与操作

6.6.1 基础认知的目的

1）熟悉仿真设计平台的基本操作与功能。

2）理解仿真软件平台与真实场景的对应关系。

3）了解通用型机器人 UR10 的组成及性能，掌握机器人示教及示教控制指令。

4）掌握虚拟仿真平台各分项实验的学习和实践方法。

6.6.2 操作任务

能够正确注册并进入虚拟仿真软件，熟悉仿真环境，掌握仿真软件中基本的操作功能和菜单含义。能够正确认识仿真软件中的机器设备并进行操作，理解基于该平台的设计思路和实现方法，掌握机器人视觉引导控制的基本流程，并学习如何使用配套教学与实验资料完成设计内容。

6.6.3 软件功能简介

1. 仿真软件菜单功能

登录仿真软件后，单击进入第一个实验场景，可见到电子制造过程中基于视觉引导的机器人上料工位仿真环境，其系统设备主要由 UR10 工业机器人（含控制箱）、工控柜（含工控设备）、视觉相机与上位机、传送带及物料架等组成。状态栏及菜单栏在界面上部，如图 6-14 所示。

以下对各主菜单和相应子菜单功能做简要介绍。

1）打开场景：重新开启进入实验场景菜单，快速重新进入实验环境。

2）保存场景：保存实验中参数配置及关键操作步骤。

3）设备标签 ON/OFF：显示/关闭上料工位实验环境中设备的名称。

4）新手引导：软件操作功能、设备属性菜单、操作方式等内容介绍，建议重点参考，如图 6-15 所示。

5）实验说明：实验整体设计框架说明。注意：具体实验操作请下载并阅读实验指导手册（实验网站主页下载）。

6）退出系统。

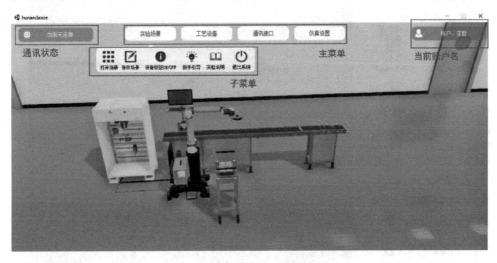

图 6-14　虚拟仿真环境界面

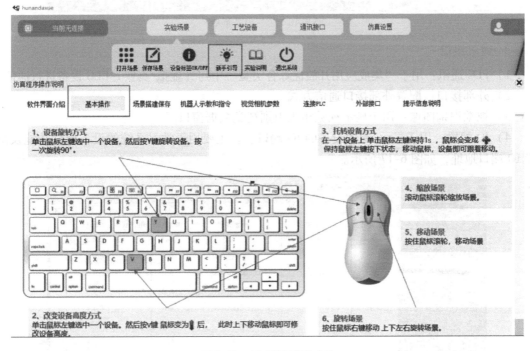

图 6-15　新手引导菜单内容

2. 工艺设备

用于自主选择搭建的工艺设备库，既可拖至仿真场景中进行认知学习，也可在"集成应用开放性综合实验"中进行产线自主设计、搭建、控制，如图 6-16 所示。

151

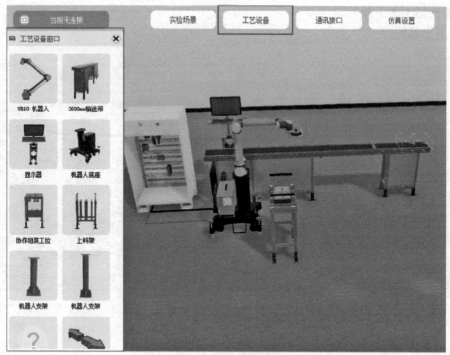

图 6-16 工艺设备菜单

3. 通讯接口

1）PLC 通讯：用于"集成应用开放性综合实验"中与（虚拟/真实）PLC 设备进行通信。

2）外部接口：配置外部接口通信方式。

3）视觉识别图像：用于显示视觉相机识别视觉数据窗口。

4）IO 配置：用于显示/配置设备的 IO 端口表，主要用于学习系统的设备属性功能及配置 IO 端口地址，如图 6-17 所示。

图 6-17 IO 端口配置菜单

5）NetToPLCsim：用于"集成应用开放性综合实验"中与虚拟 PLC 设备进行通信。

4. 仿真设置

1）启动仿真：启动仿真实验。

2）暂停：暂停仿真实验。

3）停止仿真：停止/结束仿真。

4）控制方式：选择仿真场景的控制方式，默认为"外部程序控制"，正常情况无须调整；只有在"集成应用开放性综合实验"中，将其切换为"PLC 控制"。

此外，对于系统设备，单击可出现其设备属性菜单，其中也有相应的按键来选择或配置相应的设备功能，在后续实验具体操作指导中会有相应说明，如图 6-18 所示。

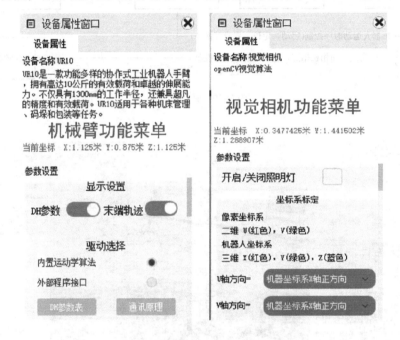

图 6-18　系统设备属性/功能菜单

6.6.4　硬件系统说明

1. 系统硬件结构

该虚拟仿真实验平台基于湖南大学机器人视觉感知与控制技术国家工程实验室中已有的电子制造产线进行了建模还原，其仿真环境中的虚拟硬件是与实际产线硬件——对应的，该工位的硬件结构如图 6-19 所示。

第一工位为机器人上料工位，其完整工艺功能为：UR10 工业机器人通过视觉引导，利用机械臂将上料架物料盒中的手机进行抓取放在传送带上，将其运送至传送带末端，并能够通过传送带末端传感器检测是否传送完成。该过程重复进行，直至物料盒中的手机全部传输完成。

单击仿真软件中相应的硬件设备，可以在右侧界面看到相应的设备属性说明，将鼠标移至电控柜中相应设备,也会出现该工控设备的文字说明,如图 6-20 所示。

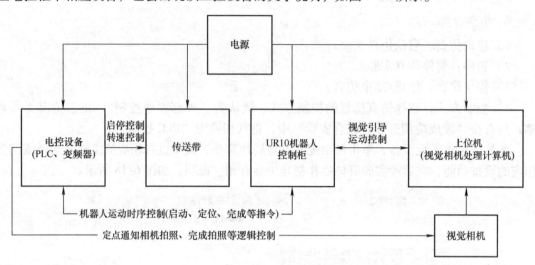

图 6-19　硬件结构

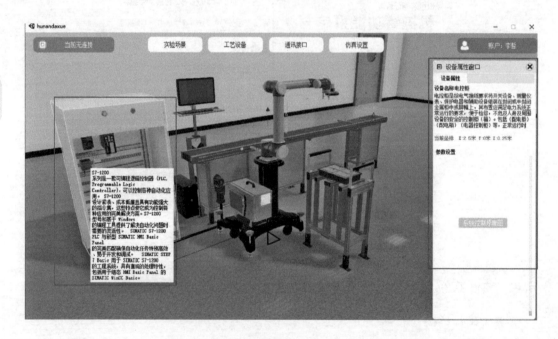

图 6-20　设备属性及说明界面

系统主要设备的简要说明如下。

电控柜:其中装有主要的电控设备,如电源、可编程逻辑控制器(PLC)、变频器、工业以太网交换机等,将鼠标移动至柜内相应设备上可显示相应的说明。

UR10 机器人:UR10 是一款功能多样的协作式工业机器人手臂,由挤压铝管和关节组成,可通过编程来移动工具并使用电信号与其他机器人进行通信。拥有高达 10kg 的有效载荷、1300mm 的工作半径和卓越的伸展能力。拟用作操纵设备和固定设备,常用于加工或传递零件或产品。

UR10 机器人控制柜：机器人自带的控制柜（配合示教器），可对机器人进行独立控制，机器人的运动控制算法主要由其进行执行。

机械臂前端视觉相机：视觉感知主要元件，用于工件拍照。

视觉相机处理计算机：用于处理视觉相机拍照的图片，进行视觉识别，利用视觉算法对机器人实现定位、检测、控制引导等功能。

传送带：用于水平运输物料，通过自带电动机控制传送速度及正反转。

上料架：用于装载物料（手机）。

2. 系统通信方式

该电子制造产线系统的真实硬件设备间采用基于 TCP/IP 的工业网络的通信方式，通信接线简单，信号传输稳定高效。

该虚拟仿真软件环境中，系统各设备间已在底层仿真建模环境中内置好了通信方式，各位同学无须考虑。

此外，该仿真软件还提供了与外部编程软件（Visual Studio）的通信接口，可以进行数据传输，主要用于自主设计并实现相关视觉及运动学算法。通信程序框架可在网站主页下载，具体相关设计任务请参见"第 2 章"和"第 3 章"的设计内容。

最后，该仿真软件可以与真实或虚拟的 PLC 进行通信，将专业的工控软件西门子博途与该虚拟仿真软件结合，通过设计 PLC 控制程序实现系统级控制方案。

3. UR10 机器人认知及示教操作

通用型机器人 UR10 本身是由挤压铝管和关节组成的手臂，如图 6-21 所示。各关节命名如下：A——机座，B——肩部，C——肘部，D、E、F——手腕 1、2、3。机座是机器人的安装位置，机器人的另一端（手腕 3）与机器人的工具相连。通过协调各个关节的运动，机器人可随意移动其工具（机器人正上方和正下方区域除外），当然，其运动会受到机器人可达范围（从机座中心起 1300mm 范围内）的限制。

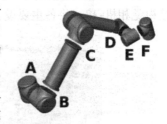

图 6-21　通用型机器人 UR10

该机器人是一种可通过编程来移动工具并使用电信号与其他机器进行通信的机械装置。用户可轻松对机器人进行编程，使其沿着所需的运动轨迹来移动工具。

在本节中，以机械臂点动示教的功能为例，来演示仿真软件中的设备操作与说明界面，并使同学们理解机械臂的关节与坐标含义及点动控制的功能。

步骤 1：启动并进入实验软件，选择实验场景。

步骤 2：对照实验软件中的机器人模型，理解机器人的结构和参数。

步骤 3：为 UR 控制器配置机器人，在软件中打开示教窗口和机械臂设备属性窗口，配合参数理解 UR10 机器人的结构和重要参数。

步骤 4：通过点动示教和关节示教移动机器人调节位姿，观察机器人末端位姿和关节的位置变化（见图 6-22 中右侧窗口），利用点动功能尝试将机器人移动到手机物料架上方，体验机械臂的控制功能。

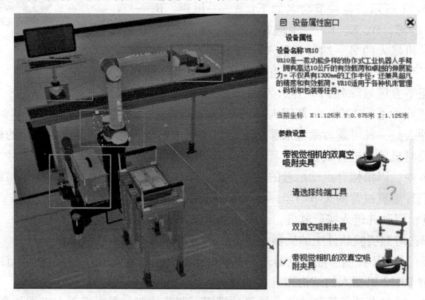

图 6-22 机器人参数配置及属性窗口

6.7 基础认知与操作实践内容

此部分将介绍虚拟仿真的基础操作任务，利用预置算法来完成机器人视觉引导运动控制的功能，体验实现机器人上料仿真实验流程。

步骤 1：配置连接电子制造产线机器人、相机、控制器等设备

熟悉虚拟产线设备及环境，通过鼠标选择设备，查看设备属性窗口，认知设备的功能。之后分别单击视觉相机→选择连接 UR10 机器人、单击 UR10 机器人→选择终端工具：带视觉相机的双真空吸附夹具、单击机器人控制器→连接 UR10 机器人、单击计算机显示器→连接视觉相机-12，将各主要设备相互连接起来（见图 6-23）。

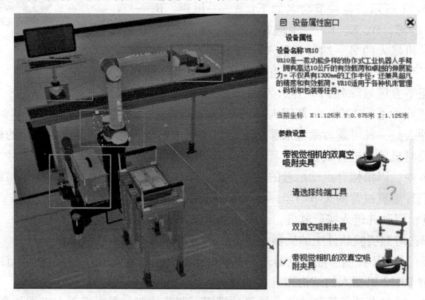

图 6-23 设备认知与连接

步骤 2：机器人示教踩点与示教点编辑

在成功连接所有的设备后，单击机器人控制箱，打开 UR10 示教窗口。可以通过上部窗口的点动示教和关节示教（调整"幅度"，单击"＋""－"按钮）来改变机器人的位姿，学习机器人示教功能（见图 6-24）。在 UR10 示教窗口下部，通过示教将机器人移动至新的点位后，可对该点位置进行"添加、保存、删除"等操作（见图 6-25），以设置机器人的运动过程中的示教点，该过程称为示教踩点。体验此功能后，若需完整实现实验流程，建议采用默认参考示教点，单击"pHome"，可将机械臂恢复至初始状态，以便完成后续实验。

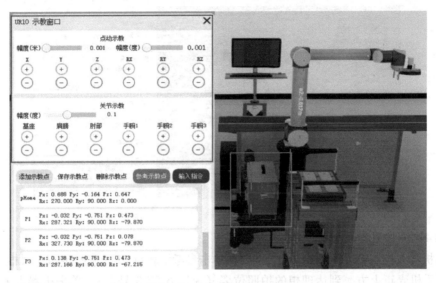

图 6-24　机器人示教踩点操作

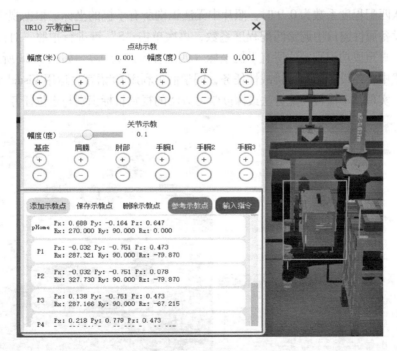

图 6-25　机器人示教点编辑功能

步骤3：视觉相机坐标系标定及参数设置

单击相机，打开视觉相机属性窗口（见图6-26），根据视觉定位中的像素坐标系与机器人坐标系的变换原理，标定视觉相机的坐标系，正确设置为像素坐标系的 U 轴对应机器坐标系 Y 轴负方向、V 轴对应机器坐标系 X 轴负方向，学习基于模板匹配的视觉算法原理，选择合适的模板匹配算法（可选择默认算法或调整为其他算法）。

图6-26　视觉相机坐标系标定及参数设置

步骤4：图像采集及坐标识别

单击机器人控制箱（见图6-27 1 号框），单击参考示教点 P1（见图6-27 2 号框），移动视觉相机至手机壳正上方，到达理想的拍照位姿（见图6-27 3 号框）。单击机器人末端视觉相机，单击键盘的"S"键即可进行拍照，显示器上会出现拍摄的手机照片。在软件内置模板匹配算法的默认匹配程度系数为 0.9 时，照片中无法识别所有手机的坐标。根据视觉目标匹配识别原理，在设备属性窗口中调整匹配程度系数，再次单击"S"键进行拍照。对比不同系数下的成像结果，直至成功识别定位所有手机坐标（匹配程度约为 0.7，如图6-28 所示）。在后续分项具体实践中，还设置了拓展挑战性任务，同学们可利用 C#语言，运用 Visual Studio 自主完成算法编程，实现基于模板匹配方法或深度学习方法的视觉目标识别与定位任务。

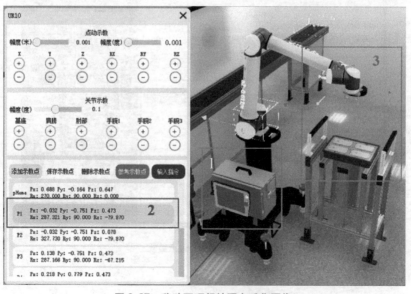

图6-27　移动至理想拍照点采集图像

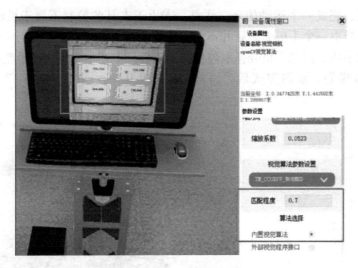

图 6-28　拍照并成功识别手机坐标

步骤 5：机器人运动示教指令编程

单击打开 UR10 示教窗口，单击"参考示教点"按钮，打开指令输入窗口，在此可以利用键盘编写机器人示教控制指令，来实现机器人运动控制。窗口选项中有指令格式说明、保存指令、测试指令等功能。初始窗口提供了默认示教指令，第三行"WaitDI"在此处为等待视觉相机拍照并返回定位坐标，在此处可先将的"WaitDI 1"指令改为"WaitDI 0"，以便下步进行机器人运动轨迹规划及控制功能测试（见图 6-29）。

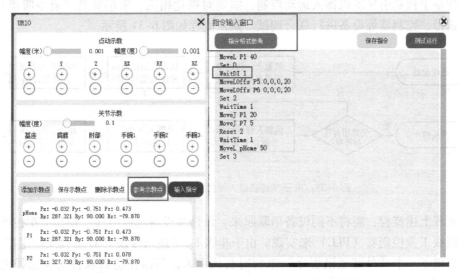

图 6-29　示教指令编程

步骤 6：基于示教指令编程分步实现机器人上料运动轨迹规划

学习默认示教指令含义，修改示教指令第三行命令后（步骤 5 中），单击指令输入窗口中的"测试运行"按钮（见图 6-30），执行示教运动控制指令程序，机器人将在预设的参考示教点间，基于控制指令的不同，遵循插补的直线或圆弧等轨迹运动，根据预设的轨迹，抓取一个于机壳，完成一个运动闭环。注意：①由于夹具的控制不属于机械臂指令控制范畴，因此在吸盘吸取一个手机壳之后并不会被放下；②在此时，视觉识别定位算法并未参与引导机械臂抓取手机，因此手机壳抓取位置并不正确。上述步骤可测试示教编程实现的机器人上料运动轨迹规划。步骤完成后，请将"WaitDI 0"改回"WaitDI 1"，单击"保存"指令。

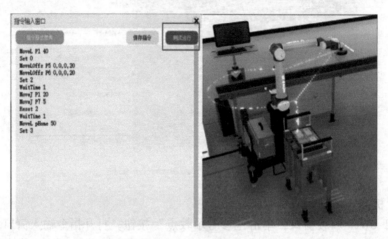

图 6-30　基于示教指令编程实现机器人上料运动轨迹与控制

步骤 7：基于视觉引导的完整机器人上料动作流程

实现基于视觉引导的机器人运动控制，需要对视觉相机、末端夹具（真空吸盘）、机器人、传送带、控制器等设备进行联合调试。默认流程如图 6-31 所示。

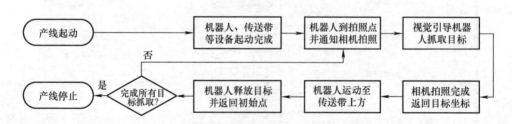

图 6-31　电子产线机器人视觉引导控制流程示意图

为实现上述流程，需将不同设备串联起来，设计多设备起停时序、动作节拍控制，需要使用产线级工业控制器（PLC）来实现。由于步骤 1 ~ 7 还未涉及 PLC 编程及应用相关知识，因此，提供了一个"外部通讯程序"来暂时替代 PLC，只需在仿真软件安装路径文件夹或者从实验网站下载"外部通讯程序.exe"，双击打开程序后，单击"启动"按钮，即可实现多设备串联，如图 6-32 所示。

在仿真软件顶部功能栏找到"仿真设置"，单击"启动仿真"，再单击白色机柜的绿色启动按钮启动仿真。机器人能够实现 4 个手机壳的正确识别、抓取，并将手机壳放置在传送带上，则仿真成功。单击"停止仿真"，最终得到仿真实验结果及仿真软件评价成绩（见图 6-33）。

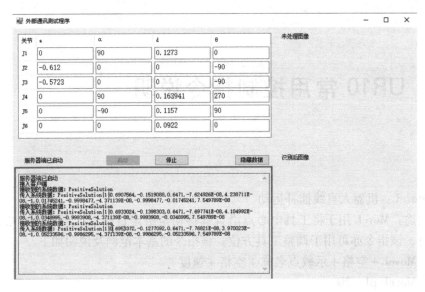

图 6-32　启动外部通信程序

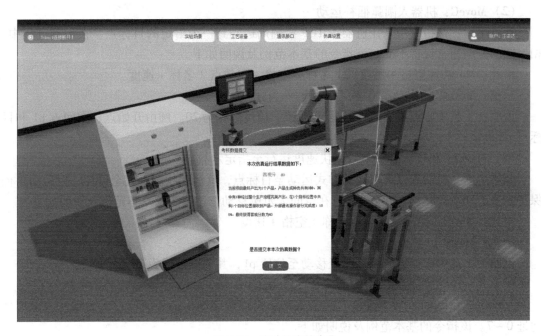

图 6-33　启动仿真的步骤

附录　UR10 常用控制指令说明

（1）MoveL：机器人直线插补运动

基本用途：MoveL 用于将工具中心点沿直线移动至给定目标点。当工具中心点（TCP）保持固定时，该指令亦可用于调整工具方位。该指令的基本范例及说明如下。

格式：MoveL + 空格 + 示教点名称 + 空格 + 速度

示例：MoveL p1, 20

说明：工具中心点沿直线插补运动至位置 p1, 其速度数据为 20。

（2）MoveC：机器人圆弧插补运动

基本用途：该指令用来让机器人 TCP 沿圆周运动到一个给定的目标点。在运动过程中，相对圆的方向通常保持不变。该指令的基本范例及说明如下。

格式：MoveC + 空格 + 示教点 1 名称 + 空格 + 示教点 2 名称 + 速度

示例：MoveC p1, p2, 20

说明：工具中心点沿圆弧插补运动到 p2, 速度数据为 20。圆由开始点、中间点 p1 和目标点 p2 确定。

（3）MoveJ：机器人各关节以最快速度运行至指定示教点

基本用途：机器人以最快捷的方式运动至目标点，其运动状态不完全可控，但运动路径保持唯一。MoveJ 指令常用于机器人在空间大范围移动，该指令的基本范例及说明如下。

格式：MoveJ + 空格 + 示教点名称 + 空格 + 速度

示例：MoveJ p1, 20

说明：工具中心点沿非线性路径移动至位置 p1, 其速度数据为 20。

（4）Reset：机器人将某个内部信号重置为 0

基本用途：Reset 为重置命令，用于将某个内部数字输出信号的值重置为零，内部信号地址 0 ~ 7。该指令的基本范例及说明如下。

格式：Reset + 空格 + 内部信号地址

示例：Reset 2

说明：将信号 2（通知夹具抓取）设置为 0。

（5）Set：机器人将某个内部信号设置为 1

基本用途：Set 用于将数字信号输出信号的值设置为 1, 内部信号地址 0 ~ 7。该指令的基本范例及说明如下。

格式：Set + 空格 + 内部信号地址

示例：Set 0

说明：将信号 0（通知相机拍照）设置为 1。

（6）WaitTime：机器人等待一段时间

基本用途：设定机器人的等待时间，单位为秒，等待时间结束后再继续执行后续指令。该指令的基本范例及说明如下。

格式：WaitTime + 空格 + 时间

示例：WaitTime 1

说明：机器人等待 1s 后再继续执行后续指令。

（7）WaitDI：机器人等待某个内部信号

基本用途：让机器人处于等待状态，等到内部信号变为 1 时结束等待，继续执行后续指令。该指令的基本范例及说明如下。

格式：WaitDI + 空格 + 内部信号地址

示例：WaitDI 1

说明：机器人等待信号 1（等待拍照完成）的值变为 1 再继续执行后续指令。

（8）MoveLOffs：机器人直线插补偏移指令

基本用途：MoveLOffs 指令基于外部输入的坐标值进行直线插补运动，移动工具中心点到外部输入的坐标位置。该指令的基本范例及说明如下。

格式：MoveLOffs + 空格 + 示教点名称 + 空格 + x 偏移量 + 英文逗号 + y 偏移量 + 英文逗号 + z 偏移量 + 英文逗号 + 速度

示例：MoveLOffs p1 0，0，0，20

说明：移动工具中心到 p1 位置，x、y、z 的初始偏移量都为 0（偏移量会根据视觉检测结果传回的坐标改变），其速度数据为 20。

163

参考文献

[1] 周济. 智能制造——"中国制造2025"的主攻方向 [J]. 中国机械工程, 2015, 26 (17): 2273-2284.

[2] 王耀南, 江一鸣, 姜娇, 等. 机器人感知与控制关键技术及其智能制造应用 [J]. 自动化学报, 2023, 49 (3): 494-513.

[3] 李哲, 袁小芳, 王耀南, 等. 基于虚拟仿真的机器人专业综合设计实验方案探索 [J]. 计算机教育, 2021 (11): 33-37.

[4] 李哲, 张小刚, 王耀南, 等. 机器人视觉引导运动控制虚拟仿真平台设计 [J]. 计算机仿真, 2023, 40 (7): 436-439.

[5] 孙亮, 吕昕. 工业机器人在自动化生产中的应用 [J]. 集成电路应用, 2024, 41 (3): 192-193.

[6] 吴爱华, 侯永峰, 杨秋波, 等. 加快发展和建设新工科主动适应和引领新经济 [J]. 高等工程教育研究, 2017 (1): 1-9.

[7] 刘宇雷, 佘明. "新工科"背景下高校实验教学体系建设探索 [J]. 实验技术与管理, 2019, 36 (11): 19-24.

[8] 钟登华. 新工科建设的内涵与行动 [J]. 高等工程教育研究, 2017 (3): 1-6.

[9] 吴爱华, 侯永峰, 杨秋波, 等. 加快发展和建设新工科主动适应和引领新经济 [J]. 高等工程教育研究, 2017 (1): 1-9.

[10] 洪海涛. "新工科"背景下的视觉检测与机器人技术 [J]. 大学教育, 2019 (7): 74-76.

[11] 李庆华, 潘丰, 冯伟. 工程教育专业认证下的"自动控制原理"课程实验教学改革探究 [J]. 教育教学论坛, 2018 (38): 276-278.

[12] 张帆, 曾励, 任皓, 等. 基于数字孪生的混合实践教学模式研究 [J]. 实验室研究与探索, 2020, 39 (2): 241-244.

[13] 孙科学, 郭宇锋, 肖建, 等. 面向新工科的工程实践教学体系建设与探索 [J]. 实验技术与管理, 2018, 35 (5): 233-235.

[14] 林润泽, 王行健, 冯毅萍, 等. 基于数字孪生的智能装配机械臂实验系统 [J]. 实验室研究与探索, 2019, 38 (12): 83-88.

[15] 林健. 面向未来的中国新工科建设 [J]. 清华大学教育研究, 2017, 38 (2): 26-35.

[16] 孙华林. 基于C空间和人工势场的4R机器人路径规划 [D]. 合肥: 合肥工业大学, 2008.

[17] 刘宁. 关节型工业机械臂的最优轨迹规划方法与仿真验证 [D]. 天津: 河北工业大学, 2014.

[18] 马国庆, 刘丽, 于正林, 等. 基于MATLAB的UR10机器人运动学分析与仿真 [J]. 制造业自动化, 2019, 41 (10): 87-90.

[19] 李彤. 开放式多轴控制系统研究 [D]. 济南: 山东大学, 2017.

[20] 万学远. 基于PLCopen的工业机器人开放式多轴运动控制系统开发 [D]. 武汉: 华中科技大学, 2021.

[21] 黄开宏, 杨兴锐, 曾志文, 等. 基于ROS户外移动机器人软件系统构建 [J]. 机器人技术与应用, 2013 (4): 37-44.

[22] 陈卓凡, 周坤, 秦菲菲, 等. 基于改进量子粒子群优化算法的机器人逆运动学求解 [J]. 中国机械工程, 2024, 35 (2): 293-304.

[23] 侯红科, 邹少琴, 聂素丽. 视觉技术在信息采集与监控中的应用研究 [J]. 信息与电脑 (理论版), 2021, 33 (24): 16-19.

[24] 蒋婷. 无人驾驶传感器系统的发展现状及未来展望 [J]. 中国设备工程, 2018 (21): 2.

[25] 张好聪, 李涛, 邢立冬, 等. OpenVX特征抽取函数在可编程并行架构的实现 [J]. 计算机科学与探索, 2022, 16 (7): 1583-1593.

［26］张杰．基于距离测度学习的图像分类方法研究［D］．上海：复旦大学，2010．

［27］曹昱晨，周正操，周安亮．基于YOLOv5的无人驾驶中低光照交通标志检测方法研究［J］．机器人技术与应用，2023（2）：44-48．

［28］任金波，郭翰林，洪瑛杰，等．基于ARMCortex-A8平台的喷药机器人路径检测与仿真［J］．现代电子技术，2017，40（22）：4．

［29］郑伟锋．工业自动化系统中各种通信方式及其应用分析［J］．电工技术，2023（22）：8-11．

［30］杨霞，刘桂秋．电气控制及PLC技术［M］．2版．北京：清华大学出版社，2023．

［31］赵志军，沈强，唐晖，等．物联网架构和智能信息处理理论与关键技术［J］．计算机科学，2011，38（8）：1-8．